桉树与豆科树种混交林土壤中酚酸物质的环境行为

杨　梅　叶绍明　黄晓露
廖承锐　程　飞　韦秋思　著

华中科技大学出版社
中国·武汉

内容简介

本书以土壤中重要的酚类化感物质——酚酸为关键点，较系统地研究了桉树人工纯林和混交林（桉树与马占相思混交林、桉树与降香黄檀混交林）土壤中酚酸物质种类组成、含量及其空间分布的变化规律，以及土壤中酚酸物质与土壤关键性营养元素有效性、酶活性及微生物之间的相互关系，并对酚酸物质进行生物评价，以阐明酚酸物质在桉树人工林土壤生态系统中的作用机理，为正确评价酚酸物质在桉树人工林地中的作用提供科学依据，也为从化学生态学的角度提出合理的短轮伐期桉树人工林经营模式及适宜的混交树种提供理论参考及技术支持。

图书在版编目(CIP)数据

桉树与豆科树种混交林土壤中酚酸物质的环境行为/杨梅等著.—武汉：华中科技大学出版社，2020.9
ISBN 978-7-5680-5788-2

Ⅰ.①桉… Ⅱ.①杨… Ⅲ.①桉树属-豆科-混交林-土壤化学-土壤环境-研究 Ⅳ.①S714

中国版本图书馆 CIP 数据核字(2020)第 147287 号

桉树与豆科树种混交林土壤中酚酸物质的环境行为
Anshu yu Douke Shuzhong Hunjiaolin Turang zhong Fensuan Wuzhi de Huanjing Xingwei

杨 梅 等著

责任编辑：简晓思
封面设计：原色设计
责任校对：李 弋
责任监印：徐 露
出版发行：华中科技大学出版社(中国·武汉) 电话：(027)81321913
武汉市东湖新技术开发区华工科技园 邮编：430223
录 排：武汉正风天下文化发展有限公司
印 刷：广东虎彩云印刷有限公司
开 本：710mm×1000mm 1/16
印 张：9.5
字 数：164 千字
版 次：2020 年 9 月第 1 版第 1 次印刷
定 价：68.00 元

前言

在植物的生命活动过程中，酚酸物质是重要的次生代谢产物，其在调节植物生长发育、基因诱导表达、信号转导、生物固氮等方面具有重要作用。它也是土壤中存在的一类重要的有机物质，可通过植物根系的分泌、地上部分的淋洗、凋落物等有机物的腐解、微生物的活动等多种途径进入土壤，影响土壤中营养物质的有效形态及微生物种群的分布等，影响植物的生长与发育，在整个土壤生态系统中具有重要的环境反馈意义和调节功能。其中，酚酸物质的化感作用成为近年来国内外学术界关注的一大热点。有研究认为，酚酸物质在土壤中的积累是使作物产生连作障碍的重要因素之一。国内外学者陆续在研究黄瓜、水稻、小麦、大豆、甘蔗、番茄、西瓜、苜蓿等农作物时证实了这一观点，在根系分泌物、作物残茬、水提液中分离出具有生物毒性的酚酸物质，如对羟基苯甲酸、2,5-二羟基苯甲酸、阿魏酸、苯丙烯酸、香草酸等，这些酚酸物质对植株的生长发育、多种生理代谢过程有抑制作用，会破坏细胞结构，并且土壤中酚酸物质的积累会对土壤微生物产生抑制作用。

近些年来，随着我国人工纯林多代连栽生产力下降问题的日益严重，森林土壤中的酚酸物质也开始引起众多学者的普遍关注。国内有关森林中酚酸物质化感作用的研究起始于对连栽杉木人工林减产问题的探讨，其被认为是导致杉木产生自毒作用而生产力下降的重要原因之一，如香草酸、对羟基苯甲酸、阿魏酸、肉桂酸等对杉木种子萌发、幼苗生长、光合作用、根系活力等方面具有抑制作用，同时也发现一些伴生树种对杉木自毒物质的活性产生了拮抗作用。在北方的杨树连作障碍研究中，有学者认为酚酸物质在连栽杨树人工纯林土壤中发生累积，影响杨树根系发育、根系活力、酶活性、养分吸收及微生物区系的变化。对2种模式植物（南方的杉木、北方的杨树）化感作用的研究认为，连栽导致酚酸物质的积累，并影响林地质量。但随着相关研究的不断开展，逐渐有不同的观点见于报道。目前关于林地酚酸物质的连作障碍研究多借鉴农作物的研究方法，并得出室内试验结果的推论。然而，酚酸物质的连作障碍问题是在设施农业的基础上发现并开展研究的，且农作物的生产周期短，但森林为开放的生态系统，且树木生长周期长，因此并不能从室内试验或个别林地的研究中得出酚酸物质导致林地中毒的可靠结论。有研究报道，杉木林和阔叶林土壤中酚酸物质的浓度远低于可使植物中毒的浓度，而且混交林土壤中水溶酚含量高于杉木纯林，因此连栽杉木林土壤中酚酸物质积累并导致中毒、生产力下降这一结论的可靠性值得商榷。

桉树是我国热带、亚热带地区极为重要的速生造林树种，而长期多代纯林连栽引发对林地生产力和林分稳定性的影响已引起人们的重视。营造桉树混交林逐渐增多，尤其是与豆科树种的混交得到重视，期望通过豆科树种的固氮作用改良土壤，实现桉树人工林的可持续经营。有研究表明，桉树通过淋溶释放、凋落物分解和根系分泌产生的某些化学物质可以抑制林内其他动植物及微生物的生长，从而导致林内群落结构简单。但桉树酚类化感物质克生作用的有关研究多在实验室内完成，酚酸物质在桉树人工林土壤中的化学生态作用有待进一步验证和探讨。

本书以土壤中重要的酚类化感物质——酚酸为关键点，较系统地研究了桉树人工纯林和混交林（桉树与马占相思混交林、桉树与降香黄檀混交林）土壤中酚酸物质种类组成、含量及其空间分布的变化规律，以及土壤中酚酸物质与土壤关键性营养元素有效性、酶活性及微生物之间的相互关系，并对酚酸物质进行生物评价，以阐明酚酸物质在桉树人工林土壤生态系统中的作用机理，为正确评价酚酸物质在桉树人工林地中的作用提供科学依据，也为从化学生态学的角度提出合理的短轮伐期桉树人工林经营模式及适宜的混交树种提供理论参考及技术支持。

全书共分七章：第 1 章为桉树与豆科树种混交林土壤中酚类物质的检测，对比分析了桉树人工纯林、桉树与马占相思混交林、桉树与降香黄檀混交林三种林地土壤中酚类物质的形态、酚酸物质的种类及含量的差异；第 2 章为桉树与豆科树种混交林土壤中酚酸物质的时空变化，对不同林分、不同土壤层次、不同季节土壤中酚酸物质积累的特征进行了研究与分析；第 3 章为桉树与豆科树种混交林土壤中酚酸物质的吸附特征，探讨酚酸物质在不同林分类型土壤中的吸附能力及解吸附特征，为解释不同酚酸物质可能的作用机制奠定基础；第 4 章为桉树与豆科树种混交林土壤中酚酸物质与理化性质的相关性，进一步对不同林分类型的桉树人工林土壤中的酚酸物质与理化性质的相关性作出分析，尤其是对酚酸与化学成分关系的探讨更具有科学意义；第 5 章为外源酚酸物质对桉树与豆科树种混交林土壤的化感效应，检测酚酸是否对土壤

pH 值、养分元素、酶活性产生影响；第 6 章为酚酸对降香黄檀幼苗的化感效应，测试和分析了外源酚酸物质对桉树的混交树种降香黄檀的生长、光合作用、养分等指标的影响，为评价混交效果提供参考；第 7 章为结语。

第一章由杨梅、叶绍明、黄晓露负责撰写，第二章由杨梅、廖承锐、程飞负责撰写，第三章由廖承锐、程飞负责撰写，第四章由叶绍明、黄晓露负责撰写，第五章由杨梅、韦秋思负责撰写，第六、七章由杨梅负责撰写。

本书根据国家自然科学基金项目（基金编号：31260176）、广西自然科学基金项目（基金编号：0991035）的科研成果撰写而成。感谢黄晓露、廖承锐、徐洁、陆俭英等在完成该项目研究工作中的重要贡献。由于著者水平有限，书中难免有疏漏或不足之处，敬请广大读者和同行批评指正，以便在今后的研究中进一步修改提高。

著　者

2020 年 4 月

目 录

第 1 章

桉树与豆科树种混交林土壤中酚类物质的检测

酚类物质作为植物生命活动过程中重要的次生代谢产物(Swain et al.,1979),对植物的生长发育有一定的调节作用。酚类物质影响作物生长发育的典型表现为通过抑制种子萌发所需的关键酶类,从而抑制种子萌发。宋亮等研究证实,高浓度阿魏酸、香兰素、香草酸、香豆酸处理对苜蓿种子萌发产生明显的抑制作用,处理浓度下降到 10^{-6} mol·L^{-1}时则表现为显著的促进作用;郑仁红等也证实了香豆酸、香兰素、阿魏酸、对羟基苯甲酸等对毛竹种子发芽势的影响表现为促进作用,浓度越低,促进作用越明显;而林思祖等则认为阿魏酸和肉桂酸处理阻碍了杉木种子细胞分裂,抑制了种子的萌发和生长。陈伟等认为,内源酚类物质的种类和含量与植物根形态建成也有一定的关系。麻文俊等、王军辉等研究发现,在组培中邻苯二酚、对羟基苯甲酸、阿魏酸、儿茶酚等对插穗生根有抑制作用,没食子酸对插穗生根率和生根量影响较小;但Jones 和 Hatifield、陈伟等则认为,当酚类物质与生长调节剂配合使用后对促进生根产生协调作用。

酚类物质被许多学者普遍认为是作物生长的抑制剂,酚酸浓度过高会对植物生长产生抑制作用。张付斗认为,阿魏酸、对羟基苯甲酸、香豆酸和水杨酸与丁草胺混用,加强了对稗草生长的抑制作用;邵庆勤等认为,阿魏酸和香草酸以及两者混合物对小麦幼苗的根长度、苗长度及干物质累积均呈抑制作用;王倩等则认为,低浓度苯甲酸、肉桂酸对西瓜幼苗生长和根活力无显著影响,浓度达到 10^{-3} mol·L^{-1}时生长量和根活力显著降低。此外,多数研究者认为,酚类物质在土壤中的积累是作物产生连作障碍的重要因素之一。农作物方面的相关研究较早,1894 年 Wills 就发现黄瓜根系分泌的某些毒性物质在土壤中的积累是造成后茬黄瓜减产的主要原因,国内外学者陆续在水稻、小麦、大豆、甘蔗、番茄、西瓜、苜蓿等农作物上也证实了这一现象。林业上对酚类物质的连作障碍研究较少,何光训(1995)、姜培坤等(2000)认为,杉木逐代连栽造成土壤中酚类物质降解受阻并累积;谭秀梅等(2008)认为,杨树人工林连作土壤中阿魏酸含量逐代降低，苯甲酸和肉桂酸则逐代增加，但是否对林分产生毒害作用还未有结论；孙海兵认为，苹果连作土壤中对羟基苯甲酸、儿茶素、咖啡酸、阿魏酸含量与非连作土壤无显著差异，焦性没食子酸、绿原酸和根皮苷显著高于非连作土壤，被认为可能是引起苹果连作障碍的关键酚酸物质。

酚类物质对植物生理、生化的影响主要体现在植物光合特征、抗氧化性酶和养分吸收等方面。贾黎明等研究发现，浓度为 10^{-3} mol·L^{-1}的咖啡酸、香豆酸、阿魏酸和没食子酸等化感物质可导致大豆叶绿素含量下降。吴凤芝等(2007)认为浓度为 8×10^{-7} mol·L^{-1}的对羟基苯甲酸和苯丙烯酸能显著减小黄瓜幼苗的叶面积，降低叶绿素 a 含量、光合速率和蒸腾速率，减少气孔张开数，叶绿体和线粒体等超微结构也会受到破坏。陈龙池等(2002)认为，用香草醛处理后，杉木幼苗净光合速率、蒸腾速率和气孔导度都呈下降趋势；黄彩红认为，外源酚酸通过保护酶活性及清除自由基，使植株体内自由基大量剩余，膜脂过氧化水平上升，电解质大量外渗。杨梅等(2006)研究发现，经过邻羟基苯甲酸处理后，杉木叶片丙二醛、可溶性糖、游离脯氨酸等含量和电导率皆随浓度和处理时间增加而升高。吕德国认为，低浓度对羟基苯甲酸提高了山樱磷酸戊糖途径关键酶、己糖激酶、丙酮酸激酶和琥珀酸脱氢酶活性，而用高浓度对羟基苯甲酸处理后各呼吸酶活性下降。杨阳等(2010)研究发现，随着外源酚酸处理浓度的上升，杨树幼苗超氧化物歧化酶、过氧化物酶活性、过氧化氢酶、抗坏血酸表现出先上升后下降的趋势，而丙二醛皆表现出上升趋势。

桉树是我国热带、亚热带地区极为重要的速生造林树种，目前全国桉树人工林面积已经达到 170 万公顷，在华南地区，有 60%～70%的桉树人工林属于短轮伐期人工林，其中有 50%～60%的林地采用连栽方式(温远光 等，2005)，而长期多代纯林连栽引发的林地生产力下降、生物多样性减少、林分稳定性差等一系列生态问题，严重制约了桉树人工林的可持续发展。有研究表明，桉树通过淋溶释放、凋落物分解和根系分泌产生的某些化学物质抑制林内其他植物及微生物的生长，从而导致林内群落结构简单(Bolte et al.，1984；曾任森 等，1997)。Moral 等(1969)认为，雨水淋洗是桉树叶中有毒物质进入土壤的重要机制，是引起林下硬雀麦不能生长的主要原因；李绍文(1989)认为，桉树叶中被水冲洗下来的化感物质主要是酚类，其对亚麻的生长有明显的抑制作用；桉树叶的淋洗液能使多枝桉幼苗生长量降低 80%～85%，淋洗作用可导致树冠下出现抑制区，有时形成以树干为中心的同心圆(翟明普 等，

1993)；陈秋波等(2002)、王晗光等(2006)、汪金刚等(2007)认为，刚果 12 号桉、巨桉人工林土壤中化感物质中均含有酚类物质，但这些物质在土壤生态系统中的作用机理未见报道。

关于酚类物质对植物生长及环境影响的研究现状主要存在以下几点问题。

① 有关森林土壤是否存在酚类物质中毒现象的大多数研究结论还只是推测，缺乏直接的证据，并且结论争议较大，虽然相关研究测定了土壤酚类物质的含量，但这些物质含量仅针对林间土，并未涉及酚类物质含量较高的植物根区土壤。

② 研究证明，土壤中酚类物质的积累是农作物连作障碍的一个主要诱发因子，并对其作用机理开展了较多研究，在林业上除对南方的杉木人工林和北方的杨树人工林开展了一些相关研究外，对其他树种人工林尤其是南方重要的速生用材树种——桉树人工林土壤中酚类物质的作用一直缺乏深入研究，也还未见相关报道。

③ 桉树纯林和混交林土壤中土壤酶活性是否与酚类物质有关，土壤酶是否促进或抑制土壤中酚类物质的积累，以及土壤酶活性与酚类物质间的相互关系尚不清楚。

本研究针对不同经营模式桉树人工林土壤中酚类物质的种类、含量及其空间分布的变化规律，土壤酚类物质与土壤物化性质、酶活性的相互关系，并对酚类物质进行生物评价，以阐明酚类物质在桉树人工林土壤生态系统中的作用，具有重要的科学意义及广泛的应用前景。

1.1　材料与方法

1.1.1　试验材料与试验设计

按照立地条件基本一致的原则，选择桉树(巨尾桉)人工林第一、二代纯林，桉树(巨尾桉)与马占相思、降香黄檀的混交林，设置标准地，调查林地基本情况及林木生长状况，基本信息如表 1-1 所示。

表 1-1 调查地基本信息(2010 年)

林种	代数	起源	林龄	胸径/cm	树高/m	海拔/m	坡向	坡位	坡度/(°)
				桉树/混交种	桉树/混交种				
桉树纯林	二	萌芽	2	6.4	8.1	220	西北	中	25
桉树与降香黄檀混交林	二	萌芽	2	6.5/3.5	8.9/4.8	230	西	中	20
桉树与马占相思混交林	一	植苗	5	15.4/10.2	19.1/10.6	260	西	中	15
桉树纯林	一	植苗	5	15.3	18.5	245	西	中	15
马占相思纯林	一	植苗	5	15.5	9.2	230	北	中	15
桉树纯林	一	植苗	2	7.0	7.3	210	西北	中	25

1.1.2 样品采集

2010 年 8 月,在不同桉树连栽林地内分别设置 3 块 2 m×2 m 的样地,在各采集样地内选择 5 株平均木,在距树干 1 m 处,按土壤深度分 0～20 cm、20～40 cm 两个层次采集土壤样品,各土层充分混合后的土壤样品作为各林分的林间土壤样品;在距树干 20 cm 处取 0～20 cm 深度的土壤样品,充分混合后作为根区土壤样品(为不损伤林木根系,此次试验未取 20～40 cm 深度的土壤样品)。采集新鲜土壤样品后立即密封于塑料样品袋,带回实验室进行风干、研磨、过筛,于 4 ℃的温度下保存,用于测定各项指标。

1.1.3 指标测定方法

1. 土壤酚类物质的测定方法

(1) 土壤总酚

称取 2 g 风干过筛土壤样品于 50 mL 容量瓶中。加入 10 mL 浓度为 4 $mol \cdot L^{-1}$的硫酸溶液,于 110 ℃烘箱中水解 24 h,取出并定容至 50 mL。过滤并取 5 mL 上述水解液于 25 mL 容量瓶中,加入 11 mL 经 1∶4稀释的福林试剂和 4 mL 浓度为 0.4 $mol \cdot L^{-1}$的碳酸钠溶液。混合均匀后置于 37 ℃恒温箱中保温 15 min 后,采用分光光度计在 680 nm 处以不加样品为对照,测定其光密度值。

(2) 土壤水溶酚和复合酚

水溶酚提取：称取风干土壤样品10 g装入塑料瓶中，加无酚水50 mL，在130～140 r·min^{-1}的速度下摇动20 h，过滤后倒入50 mL容量瓶中，定容，得水溶酚待测液。

复合酚提取：称取风干土壤样品1 g装入塑料瓶中，加50 mL浓度为1 mol·L^{-1}的氢氧化钠溶液，在130～140 r·min^{-1}的速度下摇动20 h，过滤后倒入50 mL容量瓶中，定容，得复合酚待测液，用浓度为2 mol·L^{-1}的硫酸溶液调节pH值至酸性，以使浸提液中胡敏酸沉淀，利于比色。

测定步骤：吸取待测液1 mL于带塞试管中，加入pH值为10的碳酸钠、碳酸氢钠缓冲溶液2 mL，福林试剂0.5 mL和5%无水碳酸钠溶液1 mL，摇匀，静置片刻后于690 nm处比色。以单宁酸为标准液作标准曲线，根据溶液的光密度计算酚酸的含量。

2. 土壤酚酸物质的测定方法

酚酸含量的测定采用碱液浸提-高效液相色谱法（HPLC）（谭秀梅 等，2008），取鲜土于离心管中，加入浓度为1 mol·L^{-1}的氢氧化钠溶液放置过夜，次日振荡30 min，离心后将过滤离心液用浓度为12 mol·L^{-1}的盐酸酸化至pH值为2.5，2 h后离心除去胡敏酸，而后直接上高效液相色谱仪测定上清液，结果按照烘干土重换算。

色谱条件为美国Waters高效液相色谱仪，Waters 2487紫外检测器，检测波长为280 nm，色谱柱μBandapark C_{18}（3.9 mm×300 mm），柱温30 ℃，流动相为乙腈和超纯水，乙腈含量10%，冰醋酸含量1%，进样量20 μL，流速为1.1 mL·min^{-1}。

1.2　结果与分析

1.2.1　连栽桉树纯林土壤中酚类物质、酚酸物质的变化特征

1. 连栽桉树纯林土壤中酚类物质的变化特征

不同连栽桉树林地各土层的总酚含量高低顺序为根区＞林间0～20 cm

区>林间 20～40 cm 区。其中 2 年生一代纯林不同空间的土壤中总酚含量变化幅度最大，根区土壤比林间 0～20 cm 区和林间 20～40 cm 区土层分别高 45.91％和 95.41％；5 年生一代纯林不同空间的土壤中总酚含量变化幅度最小，根区土壤比林间 0～20 cm 区和林间 20～40 cm 区土层分别高 17.48％和 42.37％。可见土壤中总酚多在根区积累，并且随着土层的加深，土壤中总酚含量降低。大部分人工林系统土壤中总酚含量表现为 2 年生一代纯林>5 年生一代纯林>2 年生二代纯林。2 年生一代纯林的根区土壤中总酚含量最高，为 1 442.559 $\mu g \cdot g^{-1}$，比 5 年生一代纯林、2 年生二代纯林根区分别高 43.49％和 47.68％。2 年生一代纯林林间 0～20 cm 区土层中总酚含量比 5 年生一代纯林、2 年生二代纯林分别高 15.53％和 32.50％，2 年生一代纯林林间 20～40 cm 区土层中总酚含量比 5 年生一代纯林、2 年生二代纯林分别高 4.54％和 8.06％。

不同连栽桉树林地各土层的水溶酚含量变化各异，且变化幅度都较大。2 年生一代纯林和 2 年生二代纯林土壤中水溶酚含量高低为林间 0～20 cm 区>林间 20～40 cm 区>根区。2 年生二代纯林 0～20 cm 区土壤中水溶酚含量比 20～40 cm 区和根区土壤分别高 94.49％和 106.20％；2 年生一代纯林林间 0～20 cm 区比林间 20～40 cm 区和根区土壤分别高 74.45％和 155.79％。5 年生一代纯林土壤中水溶酚含量高低为林间 0～20 cm 区>根区>林间 20～40 cm 区。林间 0～20 cm 区土壤中水溶酚含量比林间 20～40 cm区和根区土壤分别高 111.87％和34.18％。各人工林系统土壤中水溶酚含量表现为 2 年生二代纯林>5 年生一代纯林>2 年生一代纯林。2 年生二代纯林林间 0～20 cm 区土壤中水溶酚含量最高，为 3.392 $\mu g \cdot g^{-1}$，比 5 年生一代纯林、2 年生一代纯林林间 0～20 cm 区土层分别高 65.22％和 113.20％；2 年生二代纯林林间 20～40 cm 区土层中水溶酚含量比 5 年生一代纯林、2 年生一代纯林分别高 79.98％和 91.23％；2 年生二代纯林根区土壤中水溶酚含量比 5 年生一代纯林、2 年生一代纯林分别高 7.52％和 164.47％。

不同连栽桉树林地各土层的复合酚含量与总酚含量变化一致，为根区>林间 0～20 cm 区>林间 20～40 cm 区。其中 2 年生二代纯林不同空间土壤中复合酚含量变化幅度最大，根区土壤比林间 0～20 cm 区和林间 20～40 cm 区土层分别高 83.21％和 183.52％。2 年生一代纯林的根区土壤中复合酚含量最高，为 68.641 $\mu g \cdot g^{-1}$，比 5 年生一代纯林、2 年生二代纯林根区分别高 6.07％和21.62％；2 年生一代纯林林间 0～20 cm 区土层中复合酚含量比 5 年生一代纯林、2 年生二代纯林分别高 11.09％和 45.44％；2 年生一代纯林林间

20～40 cm 区土层中复合酚含量比 5 年生一代纯林、2 年生二代纯林分别高 27.72%和 69.60%。随着桉树种植年限的增加,土壤中复合酚含量下降。

连栽桉树纯林土壤中酚类物质含量的变化如表 1-2 所示。

表 1-2 连栽桉树纯林土壤中酚类物质含量的变化

林种	位置	总酚 /($\mu g \cdot g^{-1}$)	水溶酚 /($\mu g \cdot g^{-1}$)	复合酚 /($\mu g \cdot g^{-1}$)
2 年生一代纯林	林间 0～20 cm 区	988.651	1.591	44.802
5 年生一代纯林		855.749	2.053	40.330
2 年生二代纯林		746.158	3.392	30.805
2 年生一代纯林	林间 20～40 cm 区	738.208	0.912	33.760
5 年生一代纯林		706.149	0.969	26.432
2 年生二代纯林		683.115	1.744	19.906
2 年生一代纯林	根区	1 442.559	0.622	68.641
5 年生一代纯林		1 005.318	1.530	64.714
2 年生二代纯林		976.820	1.645	56.437

2. 连栽桉树纯林土壤中酚酸物质的变化特征

连栽桉树纯林不同土层中酚酸物质总量总体表现为根区>林间 0～20 cm 区>林间 20～40 cm 区,表现为根区土高于林间土,上层土高于下层土。3 个林地土壤中酚酸物质总量在林间土中表现为 5 年生一代纯林>2 年生二代纯林>2 年生一代纯林,可见酚酸总含量并未随着连栽年限的增加而增加。林间 0～20 cm 区土、林间 20～40 cm 区土和根区土以 5 年生一代纯林酚酸总含量最高,分别为 6.514 $\mu g \cdot g^{-1}$、3.715 $\mu g \cdot g^{-1}$和 9.871 $\mu g \cdot g^{-1}$,比含量最低的 2 年生一代纯林分别高 38.71%、45.86%和 64.74%。

3 个林地各土层皆测出对羟基苯甲酸、香草酸和苯甲酸,仅在 5 年生一代纯林和 2 年生一代纯林的根区土中测出肉桂酸,且含量较低,在 2 年生二代纯林林间 20～40 cm 区土中未检测出阿魏酸。酚酸含量总体表现为香草酸的含量最高,为 0.989～4.430 $\mu g \cdot g^{-1}$;苯甲酸含量次之,为 0.525～2.392 $\mu g \cdot g^{-1}$;肉桂酸含量最低,为 0.492～0.493 $\mu g \cdot g^{-1}$。各酚酸物质含量除林间 20～40 cm区土中对羟基苯甲酸含量和根区土中阿魏酸含量表现为 2 年生二代纯林最高外,其他皆表现为 5 年生一代纯林最高。

连栽桉树纯林土壤中酚酸物质含量的变化如表 1-3 所示。

表 1-3　连栽桉树纯林土壤中酚酸物质含量的变化

林种	位置	对羟基苯甲酸/(μg·g^{-1})	香草酸/(μg·g^{-1})	苯甲酸/(μg·g^{-1})	阿魏酸/(μg·g^{-1})	肉桂酸/(μg·g^{-1})	总量/(μg·g^{-1})
2 年生一代纯林	林间 0～20 cm 区	0.759	2.604	0.835	0.499	0	4.696
5 年生一代纯林		1.145	2.806	1.895	0.668	0	6.514
2 年生二代纯林		1.013	2.151	1.735	0.533	0	5.433
2 年生一代纯林	林间 20～40 cm 区	0.412	1.194	0.525	0.417	0	2.547
5 年生一代纯林		0.791	1.381	1.122	0.420	0	3.715
2 年生二代纯林		0.888	0.989	0.825	0	0	2.702
2 年生一代纯林	根区	0.476	2.883	1.243	0.897	0.493	5.992
5 年生一代纯林		1.666	4.430	2.392	0.892	0.492	9.871
2 年生二代纯林		0.691	3.432	1.924	1.184	0	7.232

1.2.2　桉树纯林、马占相思纯林及桉树与马占相思混交林土壤中酚类物质、酚酸物质的变化特征

1. 桉树纯林、马占相思纯林及桉树与马占相思混交林土壤中酚类物质的变化特征

林分林间土壤总酚含量总体表现为上层土高于下层土，其中桉树与马占相思混交林土壤中总酚含量变化幅度较大，林间 0～20 cm 区比林间 20～40 cm 区

高38.35%。3个不同林分林间土壤中总酚含量表现为马占相思纯林>桉树纯林>桉树与马占相思混交林。马占相思纯林林间0～20 cm区土壤中总酚含量最高，为1 133.398 $\mu g \cdot g^{-1}$，比桉树纯林和桉树与马占相思混交林林间0～20 cm区土壤中总酚含量分别高32.45%和39.29%；桉树与马占相思混交林林间20～40 cm区土壤中总酚含量最低，比桉树纯林和马占相思纯林林间20～40 cm区土壤中总酚含量分别低16.71%和36.63%。马占相思纯林根区土壤中总酚含量最高，为1 162.496 $\mu g \cdot g^{-1}$，桉树与马占相思混交林桉树根区土壤中总酚含量最低，为807.767 $\mu g \cdot g^{-1}$，高低顺序为马占相思纯林根区>桉树纯林根区>桉树与马占相思混交林马占相思根区>桉树与马占相思混交林桉树根区。

水溶酚含量总体表现为林间0～20 cm区>根区>林间20～40 cm区，桉树纯林变化幅度最大，其林间0～20 cm区土壤中水溶酚含量比林间20～40 cm区、根区分别高111.87%和34.18%。3个林分林间0～20 cm区土壤中水溶酚含量表现为桉树纯林>桉树与马占相思混交林>马占相思纯林；林间20～40 cm区土壤中水溶酚含量表现为桉树纯林>马占相思纯林>桉树与马占相思混交林。林间土中桉树纯林0～20 cm区的水溶酚含量最高，为2.053 $\mu g \cdot g^{-1}$，比同层马占相思纯林和桉树与马占相思混交林分别高19.22%和5.88%。根区土中水溶酚含量表现为纯林高于混交林，高低顺序为马占相思纯林根区>桉树纯林根区>桉树与马占相思混交林马占相思根区>桉树与马占相思混交林桉树根区，马占相思纯林根区水溶酚含量最高，为1.792 $\mu g \cdot g^{-1}$。

复合酚含量变化较为复杂，总体表现为根区>林间0～20 cm区>林间20～40 cm区。3个林分林间0～20 cm区土壤中桉树与马占相思混交林复合酚含量最高，为47.244 $\mu g \cdot g^{-1}$，比同层桉树纯林、马占相思纯林分别高17.14%和9.87%；林间20～40 cm区土壤中桉树纯林复合酚含量最高，为26.432 $\mu g \cdot g^{-1}$，比同层马占相思纯林、桉树与马占相思混交林分别高21.33%和64.61%；根区土壤中复合酚含量表现为桉树纯林根区>桉树与马占相思混交林马占相思根区>桉树与马占相思混交林桉树根区>马占相思纯林根区，其中桉树纯林根区复合酚含量最高，为64.714 $\mu g \cdot g^{-1}$，但各林分根区土壤中复合酚含量差异较小。

桉树纯林、马占相思纯林及桉树与马占相思混交林土壤中酚类物质含量的变化如表1-4所示。

表 1-4　桉树纯林、马占相思纯林及桉树与马占相思混交林土壤中酚类物质含量的变化

林种	位置	总酚 /($\mu g \cdot g^{-1}$)	水溶酚 /($\mu g \cdot g^{-1}$)	复合酚 /($\mu g \cdot g^{-1}$)
桉树纯林	林间 0～20 cm 区	855.749	2.053	40.330
马占相思纯林		1 133.398	1.722	42.999
桉树与马占相思混交林		813.693	1.939	47.244
桉树纯林	林间 20～40 cm 区	706.149	0.969	26.432
马占相思纯林		928.116	0.936	21.786
桉树与马占相思混交林		588.130	0.793	16.057
桉树纯林	根区	1 005.318	1.530	64.714
马占相思纯林	根区	1 162.496	1.792	59.578
桉树与马占相思混交林	桉树根区	807.767	1.180	59.813
	马占相思根区	872.869	1.436	60.867

2. 桉树纯林、马占相思纯林及桉树与马占相思混交林土壤中酚酸物质的变化特征

不同层土壤中酚酸物质总量总体表现为根区＞林间 0～20 cm 区＞林间 20～40 cm 区，3 个林地土壤中酚酸物质总量在林间土中表现为桉树纯林＞马占相思纯林＞桉树与马占相思混交林。桉树与马占相思混交林 0～20 cm 区土壤中酚酸物质总量比桉树纯林和马占相思纯林分别低 10.68%和 4.56%。在根区土中则表现较为复杂，桉树与马占相思混交林马占相思根区土壤中酚酸物质含量最高，为 12.526 $\mu g \cdot g^{-1}$，比马占相思纯林根区土壤中酚酸物质含量高 32.66%；桉树与马占相思混交林桉树根区土壤中酚酸物质含量最低，为 9.090 $\mu g \cdot g^{-1}$，比桉树纯林根区土壤中酚酸物质含量低 7.91%。酚酸物质总量和林地树种配置有密切关系。

3 个林地各土层皆测出对羟基苯甲酸、香草酸、苯甲酸和阿魏酸，而仅在各林地根区土壤中测出肉桂酸，并且 3 个林地总体上香草酸含量最高，苯甲酸含量次之，肉桂酸含量最低。林间 20～40 cm 区土壤中测出的 4 种酚酸物质含量的表现皆为桉树纯林＞马占相思纯林＞桉树与马占相思混交林；林间0～20 cm 区

土壤中对羟基苯甲酸和阿魏酸含量表现为桉树纯林＞马占相思纯林＞桉树与马占相思混交林，香草酸含量表现为马占相思纯林＞桉树与马占相思混交林＞桉树纯林，苯甲酸含量表现为桉树纯林＞桉树与马占相思混交林＞马占相思纯林。土壤中的酚酸物质以植物根系分泌物为主，根区土中各酚酸物质含量皆高于林间土。其中香草酸、苯甲酸、阿魏酸和肉桂酸含量皆为桉树与马占相思混交林中马占相思根区土较高，分别为 5.923 $\mu g \cdot g^{-1}$、3.338 $\mu g \cdot g^{-1}$、1.378 $\mu g \cdot g^{-1}$ 和 0.517 $\mu g \cdot g^{-1}$。而其他林分根区土中酚酸物质变化较复杂，香草酸和肉桂酸含量最低的为桉树与马占相思混交林桉树根区土，分别为4.129 $\mu g \cdot g^{-1}$、0.488 $\mu g \cdot g^{-1}$；苯甲酸含量最低的为桉树纯林根区土，为2.392 $\mu g \cdot g^{-1}$；阿魏酸含量最低的为马占相思纯林根区土，为0.711 $\mu g \cdot g^{-1}$；对羟基苯甲酸含量以桉树纯林根区土最高，为 1.666 $\mu g \cdot g^{-1}$，马占相思纯林根区土最低，为0.797 $\mu g \cdot g^{-1}$。

桉树纯林、马占相思纯林及桉树与马占相思混交林土壤中酚酸物质含量的变化如表 1-5 所示。

表 1-5　桉树纯林、马占相思纯林及桉树与马占相思混交林土壤中酚酸物质含量的变化

林种	位置	对羟基苯甲酸 /($\mu g \cdot g^{-1}$)	香草酸 /($\mu g \cdot g^{-1}$)	苯甲酸 /($\mu g \cdot g^{-1}$)	阿魏酸 /($\mu g \cdot g^{-1}$)	肉桂酸 /($\mu g \cdot g^{-1}$)	总量 /($\mu g \cdot g^{-1}$)
桉树纯林	林间 0～20 cm 区	1.145	2.806	1.895	0.668	0	6.514
马占相思纯林		0.758	3.239	1.493	0.606	0	6.096
桉树与马占相思混交林		0.668	2.869	1.702	0.579	0	5.818
桉树纯林	林间 20～40 cm 区	0.791	1.381	1.122	0.420	0	3.715
马占相思纯林		0.394	1.075	0.819	0.398	0	2.687
桉树与马占相思混交林		0.310	0.430	0.521	0.291	0	1.552
桉树纯林	根区	1.666	4.430	2.392	0.892	0.492	9.871

续表

林种	位置	对羟基苯甲酸/($\mu g \cdot g^{-1}$)	香草酸/($\mu g \cdot g^{-1}$)	苯甲酸/($\mu g \cdot g^{-1}$)	阿魏酸/($\mu g \cdot g^{-1}$)	肉桂酸/($\mu g \cdot g^{-1}$)	总量/($\mu g \cdot g^{-1}$)
马占相思纯林	根区	0.797	4.957	2.468	0.711	0.510	9.442
桉树与马占相思混交林	桉树根区	0.938	4.129	2.579	0.957	0.488	9.090
	马占相思根区	1.369	5.923	3.338	1.378	0.517	12.526

1.2.3 桉树纯林及桉树与降香黄檀混交林土壤中酚类物质、酚酸物质的变化特征

1. 桉树纯林及桉树与降香黄檀混交林土壤中酚类物质的变化特征

桉树纯林土壤中总酚含量的高低顺序为根区＞林间 0～20 cm 区＞林间 20～40 cm 区，桉树与降香黄檀混交林土壤中总酚含量的高低顺序为林间 0～20 cm 区＞桉树与降香黄檀混交林桉树根区＞林间 20～40 cm 区＞桉树与降香黄檀混交林降香黄檀根区。林间 0～20 cm 区土壤中总酚含量表现为桉树与降香黄檀混交林较高，为 813.867 $\mu g \cdot g^{-1}$，比桉树纯林高 9.07％；林间 20～40 cm 区土壤中总酚含量表现为桉树纯林较高，为 683.115 $\mu g \cdot g^{-1}$，比桉树与降香黄檀混交林高 3.72％；根区土壤中总酚含量表现为桉树纯林根区比桉树与降香黄檀混交林桉树根区高 44.57％，桉树与降香黄檀混交林中桉树根区比降香黄檀根区高 21.58％。

桉树纯林土壤中水溶酚含量表现为林间 0～20 cm 区＞林间 20～40 cm 区＞根区，桉树与降香黄檀混交林土壤中水溶酚含量表现为林间 0～20 cm 区＞桉树与降香黄檀混交林降香黄檀根区＞林间 20～40 cm 区＞桉树与降香黄檀混交林桉树根区。林间 0～20 cm 区土壤中水溶酚含量表现为桉树纯林较高，为 3.392 $\mu g \cdot g^{-1}$，比桉树与降香黄檀混交林高 6.13％；林间 20～40 cm 区土壤中水溶酚含量表现为桉树与降香黄檀混交林较高，为 2.030 $\mu g \cdot g^{-1}$，比桉树纯林高 16.40％；根区土壤中水溶酚含量表现为桉树纯林根区比桉树与

降香黄檀混交林桉树根区高8.65%，桉树与降香黄檀混交林中降香黄檀根区比桉树根区高43.86%。

土壤中复合酚含量总体表现为根区＞林间0～20 cm区＞林间20～40 cm区。林间0～20 cm区和20～40 cm区土壤中复合酚含量表现为桉树与降香黄檀混交林较高，比桉树纯林林间同层土中复合酚含量分别高26.12%和8.80%；根区土壤中复合酚含量表现为桉树纯林根区比桉树与降香黄檀混交林桉树根区高6.78%，桉树与降香黄檀混交林中桉树根区比降香黄檀根区高10.28%。两个林分各层土壤中复合酚含量变化幅度较小，未达到显著水平。

桉树纯林及桉树与降香黄檀混交林土壤中酚类物质含量的变化如表1-6所示。

表1-6　桉树纯林及桉树与降香黄檀混交林土壤中酚类物质含量的变化

林种	位置	总酚/($\mu g \cdot g^{-1}$)	水溶酚/($\mu g \cdot g^{-1}$)	复合酚/($\mu g \cdot g^{-1}$)
桉树纯林	林间0～20 cm区	746.158	3.392	30.805
桉树与降香黄檀混交林	林间0～20 cm区	813.867	3.196	38.852
桉树纯林	林间20～40 cm区	683.115	1.744	19.906
桉树与降香黄檀混交林	林间20～40 cm区	658.594	2.030	21.658
桉树纯林	根区	976.820	1.645	56.437
桉树与降香黄檀混交林	桉树根区	675.662	1.514	52.855
桉树与降香黄檀混交林	降香黄檀根区	555.722	2.178	47.927

2. 桉树纯林及桉树与降香黄檀混交林土壤中酚酸物质的变化特征

桉树纯林及桉树与降香黄檀混交林土壤中酚酸物质总量总体表现为根区＞林间0～20 cm区＞林间20～40 cm区。林间0～20 cm区桉树与降香黄檀混交林土壤中酚酸物质总量较高，为7.139 $\mu g \cdot g^{-1}$，比桉树纯林高31.40%；林间20～40 cm区桉树纯林土壤中酚酸物质总量较高，为2.702 $\mu g \cdot g^{-1}$，比桉树与降香黄檀混交林高13.29%。桉树与降香黄檀混交林中桉树根区土壤中酚酸物质总量比桉树纯林根区高20.01%，桉树与降香黄檀混交林中桉树根区土壤中酚酸物质总量比降香黄檀根区高1.77%。

桉树纯林及桉树与降香黄檀混交林各层土壤中皆测出对羟基苯甲酸、香草酸和苯甲酸，桉树纯林林间20～40 cm区土壤中未测出阿魏酸，且仅在桉树与降香黄檀混交林的两个根区土壤中测出肉桂酸。土壤中酚酸物质总量表现：香草酸含量最高，为0.847～3.432 μg・g^{-1}；苯甲酸含量次之，为0.746～3.145 μg・g^{-1}；肉桂酸含量最低，为0.504～0.511 μg・g^{-1}。林间土中对羟基苯甲酸、香草酸和苯甲酸含量皆表现为林间0～20 cm区桉树与降香黄檀混交林高于桉树纯林，而林间20～40 cm区则相反，仅阿魏酸含量表现为桉树与降香黄檀混交林高于桉树纯林。根区土中对羟基苯甲酸和苯甲酸含量表现为桉树与降香黄檀混交林桉树根区高于桉树纯林根区，分别高53.84%和63.46%；香草酸和阿魏酸含量表现为桉树纯林根区高于桉树与降香黄檀混交林桉树根区，分别高13.49%和26.63%。桉树与降香黄檀混交林中，对羟基苯甲酸和阿魏酸含量表现为降香黄檀根区较高，分别比桉树根区高50.14%和44.06%；香草酸、苯甲酸和肉桂酸含量表现为桉树根区较高，分别比降香黄檀根区高11.75%、32.37%和1.39%。

桉树纯林及桉树与降香黄檀混交林土壤中酚酸物质含量的变化如表1-7所示。

表1-7　桉树纯林及桉树与降香黄檀混交林土壤中酚酸物质含量的变化

林种	位置	对羟基苯甲酸/(μg・g^{-1})	香草酸/(μg・g^{-1})	苯甲酸/(μg・g^{-1})	阿魏酸/(μg・g^{-1})	肉桂酸/(μg・g^{-1})	总量/(μg・g^{-1})
桉树纯林	林间0～20 cm区	1.013	2.151	1.735	0.533	0	5.433
桉树与降香黄檀混交林		1.079	3.034	1.792	1.234	0	7.139
桉树纯林	林间20～40 cm区	0.888	0.989	0.825	0	0	2.702
桉树与降香黄檀混交林		0.407	0.847	0.746	0.386	0	2.385
桉树纯林	根区	0.691	3.432	1.924	1.184	0	7.232
桉树与降香黄檀混交林	桉树根区	1.063	3.024	3.145	0.935	0.511	8.679
	降香黄檀根区	1.596	2.706	2.376	1.347	0.504	8.528

1.3 讨论与小结

林地土壤中总酚含量表现为根区土高于林间土，上层土高于下层土，可见土壤中总酚主要分布在根区，并与根系分泌活动有关，其含量范围为555.722～1 442.559 $\mu g \cdot g^{-1}$。随着桉树纯林栽植年限的增加，土壤中总酚含量表现出下降趋势，可见桉树连栽没有造成总酚物质的累积。马占相思纯林和桉树纯林土壤中总酚含量较相同代次桉树与马占相思混交林高，桉树与降香黄檀混交林林间0～20 cm区土壤中总酚含量较相同代次桉树纯林高，而在林间20～40 cm区和根区土壤中总酚含量较相同代次桉树纯林低。

水溶酚属于游离酚，是毒害林分和土壤的主要物质。林地土壤中水溶酚含量表现为林间上层土高于林间下层土，且林间上层土高于根区土，林间下层土低于根区土。水溶酚含量可能与林间枯枝落叶分解和淋溶有关，其含量范围为0.622 ～3.392 $\mu g \cdot g^{-1}$。随着桉树纯林栽植年限的增加，土壤中水溶酚含量上升，可见桉树连栽使土壤中水溶酚含量增加了。马占相思纯林及桉树与马占相思混交林土壤中水溶酚含量较相同代次桉树纯林低(除马占相思纯林根区土外)，可见与马占相思混交使土壤水溶酚含量降低了。

复合酚含量与总酚含量表现相似，表现为根区土高于林间土，上层土高于下层土，含量范围为16.057～68.641 $\mu g \cdot g^{-1}$，随着桉树栽植年限增加表现出下降趋势。马占相思纯林及马占相思、降香黄檀与桉树混交林皆较同代次的桉树纯林复合酚含量高。林地土壤中复合酚含量虽然较高，但其属于非游离酚，并不会对植物及环境造成伤害。

林地土壤中酚酸物质总量总体表现为根区土高于林间土，上层土高于下层土。酚酸物质总量范围为1.552～12.526 $\mu g \cdot g^{-1}$，随着栽植年限的增加，土壤中酚酸物质总量表现出先上升后下降的趋势，可见桉树连栽并未造成土壤酚酸物质的累积，其含量可能与桉树生物特性有关。马占相思纯林及马占相思与桉树混交林皆较相同代次桉树纯林土壤酚酸总量低，可见桉树与马占相思混交可以降低林地土壤酚酸物质含量。

5种酚酸含量表现为香草酸最高，苯甲酸次之，肉桂酸含量最低，且所有林地各层次土壤中皆测出对羟基苯甲酸、香草酸和苯甲酸，但在2年生二代桉树纯林林间20～40 cm区未测出阿魏酸，而仅在2年生一代和5年生一代桉树纯林的根区土中测出肉桂酸。对羟基苯甲酸含量范围为0.310～1.666 $\mu g \cdot g^{-1}$，香草酸含量范围为 0.430～5.923 μg・g^{-1}，苯甲酸含量范围为 0.521～0.338 μg・g^{-1}，阿魏酸含量范围为 0～1.378 μg・g^{-1}，肉桂酸含量范围为 0～0.517 μg・g^{-1}。各林地土壤中 5 种酚酸物质含量变化不太明显，各酚酸物质含量与林种生物学特性有关。

3 种形态的酚类物质和酚酸物质之间也存在相关性，总酚和复合酚之间保持着较显著的正相关，且复合酚含量占总酚含量的比例较高，水溶酚含量与总酚、复合酚大多呈负相关，土壤中的水溶酚和复合酚呈动态平衡关系。水溶酚溶于水，移动性极大且很不稳定。当土壤中水溶酚含量高时可被土壤腐殖质和矿物胶体吸附，成为复合酚；而当土壤中水溶酚含量降低时，复合酚又从土壤胶体上释放出来，转化为水溶酚。而在各林地土壤中酚酸物质总量与复合酚含量大多呈显著正相关，即复合酚含量越高，酚酸物质总量越大。

第2章

桉树与豆科树种混交林土壤中酚酸物质的时空变化

随着林业系统的转型，目前人工林正向着集约经营、定向培育、速生高产、周期短暂的方向发展。然而高度集约化的经营模式导致人工林地力衰退等问题日益严重。中国的人工林发展在世界范围内较为突出，人工林面积普遍大于其他国家，而我国北方的落叶松和杨树，以及南方的杉木和桉树等，不同树种的人工林都出现了地力衰退现象（何光训，1995；刘福德 等，2005）。

可见，许多研究认为酚类物质是导致土壤中毒的重要物质之一，随着相关研究的不断开展，逐渐有不同的观点见于报道。李传涵等通过研究杉木林和阔叶林土壤中酚类化合物的变化，发现其含量大多低于 0.3 $\mu g \cdot g^{-1}$，表层土壤中酚类物质的含量虽略高于下层土壤，但其浓度均不会造成植物中毒现象，而且混交林土壤中水溶酚含量高于杉木纯林，因此他们对连栽杉木林土壤中酚类物质积累并导致植物中毒、生产力下降的可靠性提出怀疑。侯元兆指出，桉树化感物质克生作用的有关研究都是在实验室内完成的，没有对野外林分进行试验研究，而野外林分的化感物质很难积累到抑制植物生长的程度。目前关于林地酚酸物质的连作障碍研究多借鉴农作物的研究方法，并得出室内试验结果的推论，然而，酚酸物质的连作障碍问题是在设施农业的基础上发现并开展研究的，且农作物生产周期短；但森林处于开放的生态系统，且生长周期长，因此并不能从室内试验或对个别林地的研究中得出酚类化合物（酚酸物质）导致林地中毒的可靠结论。桉树混交林在改善土壤理化性质和提高林分生长量方面较之桉树纯林具有显著的优势，陈健波等（2004）认为，马占相思（*Acacia mangium*）和尾叶桉（*Eucalyptus urophylla*）混交后能有效增加土壤养分元素含量，提高土壤肥力，但是桉树混交林土壤中的酚酸物质的变化规律仍不明确。

酚酸通常是芳香环上带有活性羧基的一类有机酸，是引起植物自毒作用的物质之一。酚酸物质一般被作为植物促生、色素、抗胁迫、信号分子、防御分子和化感物质而进行研究，并逐渐成为人们的关注焦点（Makoi et al.，2007）。近年来，对酚酸物质的相关研究越来越多，其被证明具有较强的化感活性，获得业内众多学者的一致认可(Wu et al.,2001;Carlsen et al.,2009;高李李 等,2012)。许多研究表明,酚酸物质能够通过多种途径对植物产生影响。在农业生态系统中,酚酸化感物质对次年生作物生长和土壤的活性都具有破坏性的影响(Rice,1984);而在森林生态系统中,酚酸物质则有可能直接或间接地作为入侵植物而参与竞争,占据竞争优势。同时,酚酸物质还可能是造成作物连作障碍与生态群落演替的相关因子。

酚酸物质在调节植物生长发育、基因诱导表达、信号转导、生物固氮等方面具有重要作用。李培栋等的相关研究均表明,酚酸物质会抑制种子的萌发。Kole 等人研究发现,酚酸物质对柚木叶浸提液中的莎草种子的发芽具有显著的影响;Yan 等人分离 8 种酚酸的相关研究结果也表明,这 8 种酚酸能够较强地抑制拟南芥种子的萌发;而李培栋等人认为,不同种类及浓度的酚酸物质则能够产生不同的影响效应,如对羟基苯甲酸、香草酸和香豆酸能够显著影响花生的发芽。许多研究也已证明,酚酸物质能够抑制植物的生长。Zanardo 等研究表明,当香豆酸浓度大于 0.25 $mmol \cdot L^{-1}$时,能够显著影响大豆根的伸长生长;而李培栋等对于花生幼苗的研究表明,大多数酚酸物质对其地下部分的干鲜重均表现出“低促高抑”的特点;同时,在自然界中,由于蕨类植物枯死枝叶中含有阿魏酸和咖啡酸等酚酸物质,经雨水冲刷后进入土壤,能够很大程度上抑制其他植物的生长,故蕨类植物茂盛的地方常常见不到其他草本植物(彭少麟 等,2001)。而 Blum 和 Shafer、Sparling 等的研究则指出,酚酸物质能够影响土壤微生物的活性。Blum 指出,不同种类和浓度的酚酸物质以及无机养分与土壤微生物的类群分布有一定的关系;Sparling 等人则认为,外源酚酸的加入能够改变土壤中微生物的数量和活性。目前的许多研究还表明,酚酸物质可以通过影响细胞膜的通透性、矿质元素吸收、光合作用、植物激素、蛋白质和 DNA 合成等多种途径来直接影响植物的生长,或通过控制矿质营养的吸收来间接控制植物的生长。酚酸物质是土壤中存在的一类重要的有机物质,大部分酚酸物质都具有明显的化感作用,能够影响他种植物或自身植物的生长与发育,在整个土壤生态系统中具有重要的环境反馈意义和调节功能(Miller,1996)。

有研究认为,酚酸物质使作物产生连作障碍的重要因素之一是其在土壤中的积累(Miller,1996)。许多学者普遍认为,酚酸是作物生长的抑制剂,当其浓度过高时会抑制植物的生长(吴凤芝 等,2001)。相关研究较早于农作物方面进行,早在 19 世纪 90 年代 Wills 就发现引起后茬黄瓜减产的主要原因是黄瓜根系分泌的某些毒性物质进入土壤，并产生积累，而在苜蓿、西瓜、甘蔗等许多农作物上，国内外学者陆续证实了这一现象，并在根系分泌物、作物残茬、水提液中分离出具有生物毒性的酚酸物质，如对羟基苯甲酸、2,5-二羟基苯甲酸、阿魏酸、苯丙烯酸、香草酸等，这些酚酸物质对植株的生长发育、多种生理代谢过程具有抑制作用，并且会破坏细胞结构。土壤中酚酸物质的积累还会对土壤微生物产生抑制作用（Yu et al.，1997；吴凤芝 等，2007；吴凤芝 等，2001；吕卫光 等，2002；吕卫光 等，2006；马云华 等，2005）。

近些年来，随着我国人工纯林多代连栽所导致的生产力下降问题日益突出，众多学者开始普遍关注森林土壤中的酚酸物质。张宪武（1993）、何光训（1995）认为，酚类物质可能在土壤中积累，从而使土壤中毒，这是杉木连栽减产的重要原因之一；黄志群等（2000）、马越强等（1998）、陈龙池等（2003）报道连栽杉木林土壤中积累的酚酸物质（如对羟基苯甲酸和香草醛）抑制杉木种子萌发、幼苗生长、叶绿素含量、光合作用、根系活力，不利于下一代杉木的生长；曹光球等（2001）、杨梅等（2006）、林思祖等（2003）报道，阿魏酸、邻羟基苯甲酸、肉桂酸对杉木的胁迫，会导致叶片膜质过氧化，透性增加，进而影响种子发芽和幼苗生长。而丝栗栲、毛竹、木荷等伴生树种能够促进杉木种子的萌发及幼苗的生长，这说明伴生树种中可能存在对杉木自毒物质活性产生拮抗作用的某些物质（林思祖 等，2003；黄志群 等，1999）。在北方的杨树连作障碍研究中，有学者对酚酸物质在杨树人工林土壤中的累积及作用机制进行了较深入的探讨，第二代林和第三代林土壤中肉桂酸、苯甲酸、阿魏酸、香草醛、对羟基苯甲酸5种酚酸总含量分别是第一代林的137.87%和64.18%（谭秀梅 等，2008），杨树根际土壤对对羟基苯甲酸和苯甲酸均具有较强的吸附能力（王延平 等，2010），较高浓度的外源酚酸处理可抑制杨树根系的发育、根系活力、酶活性及养分吸收（王华田 等，2011），随着酚酸处理浓度的增加，微生物数量呈先增后降的趋势，其中，对羟基苯甲酸抑制氨化细菌、放线菌和真菌的数量，但刺激纤维素分解菌的生长，香草醛在不同浓度酚酸条件下均会抑制放线菌的生长，而阿魏酸和肉桂酸则能够抑制纤维素分解菌的数量（谭秀梅 等，2008）。目前对2种模式植物（南方的杉木、北方的杨树）林木化感研究的结果认为：连栽导致酚酸积累，并影响林地质量。而有关桉树对人工林地土壤生态系统中酚酸物质的作用机理一直缺乏研究，混交林是否可以促进桉树林地土壤中酚酸物质的积累也需要进一步探讨。

2.1 材料与方法

2.1.1 试验材料

按照立地条件基本一致的原则，设置桉树纯林(一代)、桉树与降香黄檀混交林、桉树纯林(二代)、马占相思纯林、桉树与马占相思混交林，共5种林分类型。调查地基本信息如表2-1所示。

2.1.2 试验设计

在桉树纯林及混交林中，选取5株巨尾桉标准木，同时分别选定5株与其相邻的混交树种，于2013年3月、6月、9月、12月采集试验土壤样品，并对取样点进行标记。

(1) 根际土壤采集

在5个林分的上、中、下坡分别随机抽取3株平均木，用抖落法将所选植株根部取样方位上的土壤抖落，上、中、下坡土壤混合作为该林地根际土壤样品(混交林应取2种树种的根际土壤)。于2013年3月、6月、9月、12月进行全年连续动态取样，进行酚酸林间土壤季节动态的检测。

(2) 林间土壤采集

在5个林分的上、中、下坡分别随机抽取3株平均木，呈矩形在平均木周围选取4个取样点，各取样点分别位于平均木与周围3棵树的中心，在垂直方向上0～30 cm处取土壤并混合作为非根际土壤样品。同样于2013年3月、6月、9月、12月分别取样进行酚酸林间土壤季节动态的检测。

土壤样品存入超低温冰箱中进行保存。

分别称量1 mg、5 mg、10 mg、50 mg、100 mg的对羟基苯甲酸、香草酸、阿魏酸、香豆酸、苯甲酸、水杨酸、肉桂酸，用2 mL甲醇溶解以上混合物，后用超纯水定容至100 mL，配制成酚酸浓度为1 $\mu g \cdot mL^{-1}$、5 $\mu g \cdot mL^{-1}$、10 $\mu g \cdot mL^{-1}$、50 $\mu g \cdot mL^{-1}$、100 $\mu g \cdot mL^{-1}$的混合标准溶液。

表 2-1　调查地基本信息（2013 年）

序号	林种	代数	起源	林龄	种植密度（桉树/混交种）	海拔/m	坡向	坡位	坡度/(°)	林间土壤 pH 值	根际土壤 pH 值（桉树/混交种）
1	桉树纯林	一	植苗	9	1 400	245	西	中	20	5.19	4.73
2	马占相思纯林	一	植苗	9	1 400	230	西	中	20	6.17	5.53
3	桉树与马占相思混交林	一	植苗	9	1 100/300	260	西	中	20	6.10	5.00/5.07
4	桉树纯林	二	萌芽	6	1 600	220	西	中	20	6.05	5.20
5	桉树与降香黄檀混交林	二	萌芽	6	1 400/1 200	230	西	中	20	5.72	5.10/5.37

2.1.3 指标测定

采用高效液相色谱仪(Waters-e 2695)进行测定,使用方法为梯度洗脱法,梯度洗脱时间如表 2-2 所示。

表 2-2 梯度洗脱时间表

序号	时间/min	流量/($mL \cdot min^{-1}$)	乙腈/(%)	0.1%磷酸溶液/(%)
1	—	1.5	5.0	95.0
2	1	1.5	5.0	95.0
3	20	1.5	46.0	54.0
4	21	1.5	5.0	95.0

称取 25 g 不同林地各季节的土壤样品,放入 50 mL 离心管中,向其中分别加入 25 mL 浓度为 1 $mol \cdot L^{-1}$的氢氧化钠溶液,而后放置过夜,次日,振荡 30 min,以 4000 $r \cdot min^{-1}$转速离心,过滤离心液,用浓度为 12 $mol \cdot L^{-1}$的盐酸酸化至 pH 值为 2.5,静置 2 h,出现絮状胡敏酸沉淀后,再次离心除去胡敏酸,而后将上清液过 0.22 μm 滤膜,使用高效液相色谱仪进行测定。

对 7 种酚酸混合标样进行液相色谱分析,通过对酚酸浓度和色谱峰面积进行线性回归,得到相关线性方程,如表 2-3 所示。

表 2-3 7 种酚酸色谱峰面积与混合标样浓度的线性回归方程

酚酸种类	线性方程	拟合度
对羟基苯甲酸	$y=17\ 815x-3\ 997.3$	0.999 8
香草酸	$y=25\ 902x-172.68$	0.999 9
阿魏酸	$y=46\ 983x-10\ 768$	0.999 9
香豆酸	$y=41\ 287x-8\ 423.3$	0.999 9
苯甲酸	$y=69\ 864x-6\ 266$	0.999 9
水杨酸	$y=36\ 319x-6\ 551.1$	1
肉桂酸	$y=10\ 819x-723.03$	1

2.2　结果与分析

2.2.1　桉树纯林、马占相思纯林及桉树与马占相思混交林土壤中酚酸的季节动态变化

1. 桉树纯林、马占相思纯林及桉树与马占相思混交林林间土壤中酚酸季节动态变化

桉树纯林、马占相思纯林及桉树与马占相思混交林林间土壤中 7 种酚酸季节动态变化，如图 2-1 和表 2-4 所示。从 7 种酚酸总含量在不同林地中的季节动态变化图可以发现，随着季节的变化，不同林地 7 种酚酸的总含量及其变化趋势呈现出一定的差异。在桉树与马占相思混交林中，不同季节酚酸总含量与马占相思纯林和桉树纯林相比均较低，且不同季节酚酸总含量相差不大。在马占相思纯林中，酚酸的年平均含量是桉树与马占相思混交林的 2 倍多。在桉树纯林中，酚酸年平均含量是桉树与马占相思混交林的 3 倍多。可见，在林间土壤中，酚酸总含量由高到低依次为桉树纯林、马占相思纯林和桉树与马占相思混交林。

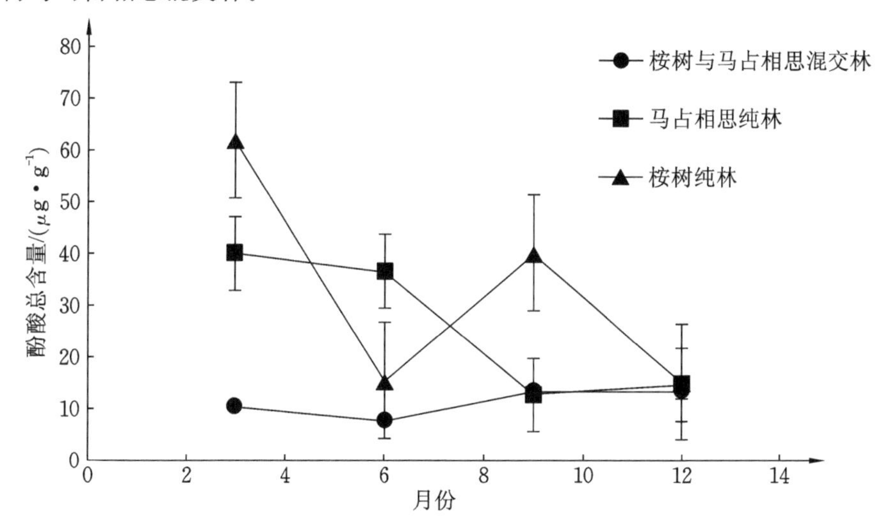

图 2-1　桉树纯林、马占相思纯林及桉树与马占相思混交林林间土壤中 7 种酚酸总含量的变化

表 2-4　桉树纯林、马占相思纯林及桉树与马占相思混交林林间土壤中 7 种酚酸含量的动态变化

酚酸物质	林地	不同季节酚酸含量/($\mu g \cdot g^{-1}$)			
		3 月	6 月	9 月	12 月
对羟基苯甲酸	桉树与马占相思混交林	3.58	4.30	5.28	8.35
	马占相思纯林	5.75	17.14	1.92	10.99
	桉树纯林	12.52	7.81	30.09	12.39
香草酸	桉树与马占相思混交林	1.42	0.54	1.04	1.93
	马占相思纯林	16.32	8.91	1.55	1.50
	桉树纯林	18.60	1.08	3.84	1.42
阿魏酸	桉树与马占相思混交林	0.92	1.17	3.71	1.85
	马占相思纯林	5.27	2.76	7.30	0.84
	桉树纯林	7.52	4.03	1.77	0.64
香豆酸	桉树与马占相思混交林	2.80	0.72	1.96	0.71
	马占相思纯林	8.66	5.06	0.71	0.72
	桉树纯林	18.84	1.80	2.94	0.40
苯甲酸	桉树与马占相思混交林	0.76	0.44	1.09	0.38
	马占相思纯林	2.26	1.58	0.68	0.45
	桉树纯林	3.70	0.56	0.61	0.33
水杨酸	桉树与马占相思混交林	0.28	0.22	0.25	0
	马占相思纯林	1.06	0.36	0.26	0
	桉树纯林	0.55	0	0.31	0
肉桂酸	桉树与马占相思混交林	0.26	0	0	0
	马占相思纯林	0.50	0.53	0.32	0
	桉树纯林	0	0	0.30	0

在桉树与马占相思混交林中，7 种酚酸年平均含量由高到低依次为对羟基苯甲酸、阿魏酸、香豆酸、香草酸、苯甲酸、水杨酸和肉桂酸。对羟基苯甲酸含量随季节变化不断递增，但各季节间含量变化差异不大；香草酸含量在 12 月时最高；阿魏酸和苯甲酸含量均在 9 月时最高，且苯甲酸含量在 9 月时远高

于其他月份，差异比较显著；而香豆酸、水杨酸和肉桂酸含量则均在 3 月时最高，且相比其他月份均差异显著，其中肉桂酸在其他各月均未测出，水杨酸在 12 月时未测出。

在马占相思纯林中，7 种酚酸年平均含量由高到低依次为对羟基苯甲酸、香草酸、阿魏酸、香豆酸、苯甲酸、水杨酸和肉桂酸。对羟基苯甲酸和肉桂酸含量在 6 月时最高，肉桂酸在 12 月时未测出；香草酸、香豆酸、苯甲酸和水杨酸含量在 3 月时最高；而阿魏酸含量则在 9 月时最高。

在桉树纯林中，7 种酚酸的年平均含量由高到低分别为对羟基苯甲酸、香草酸、香豆酸、阿魏酸、苯甲酸、水杨酸和肉桂酸。对羟基苯甲酸和肉桂酸含量在 9 月时最高，肉桂酸在其他月均未测出；香草酸、阿魏酸、香豆酸、苯甲酸和水杨酸含量均在 3 月时最高，水杨酸在 6 月和 12 月均未测出。

在桉树与马占相思混交林、马占相思纯林和桉树纯林 3 块林地中，对羟基苯甲酸的年平均含量始终处于最高水平，分别占年平均酚酸总量的 47.81％、34.29％和 46.94％，而苯甲酸、水杨酸和肉桂酸的年平均含量则始终处于较低水平，香草酸、香豆酸和阿魏酸则随林分的不同有所变化。7 种酚酸的年平均含量大多表现为桉树与马占相思混交林＜马占相思纯林＜桉树纯林，其变化趋势与总含量变化趋势一致。

2. 桉树纯林、马占相思纯林及桉树与马占相思混交林根际土壤中酚酸季节动态变化

由图 2-2 可以看出，在桉树与马占相思混交林中，不同季节桉树与马占相思混交林根际土壤中 7 种酚酸的总含量变化趋势与桉树根际土壤中的相同，均表现出先减后增的趋势，并且在 3 月时总含量最高。在桉树纯林根际土壤中的 7 种酚酸总含量，在 3 月、6 月和 9 月略高于桉树与马占相思混交林，在 12 月时 7 种酚酸总含量略低于桉树与马占相思混交林，其随季节的变化总趋势与桉树与马占相思混交林的基本相似。在马占相思纯林根际土壤中，酚酸总含量的年平均值与桉树与马占相思混交林马占相思根际的差异高达 60％以上，其酚酸总含量在各个季节均高于桉树与马占相思混交林中的两树种根际土壤和桉树纯林根际土壤。不同根际土壤中酚酸总含量大致表现为：马占相思纯林根际＞桉树纯林根际＞桉树与马占相思混交林桉树根际＞桉树与马占相思混交林马占相思根际。

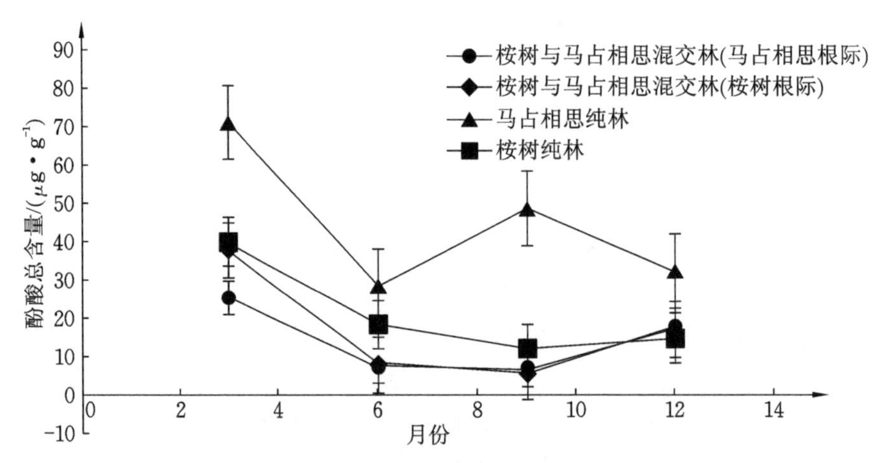

图 2-2 桉树纯林、马占相思纯林及桉树与马占相思混交林根际土壤中 7 种酚酸总含量的变化

从表 2-5 可以看出,在桉树与马占相思混交林根际土壤中,对羟基苯甲酸、香草酸、阿魏酸、香豆酸和苯甲酸含量均在 3 月时最高(桉树与马占相思混交林中马占相思根际土壤中的对羟基苯甲酸含量除外,其含量是 12 月最高),且与 6 月和 9 月相比差异显著,肉桂酸在全年季节动态变化中均未测出。

在马占相思纯林根际土壤中,对羟基苯甲酸、香草酸、阿魏酸、香豆酸、苯甲酸和水杨酸的含量均在 3 月时最高,各种酚酸含量的季节动态变化趋势与总含量变化趋势相似。

在桉树纯林根际土壤中,对羟基苯甲酸、香草酸、香豆酸的含量在 3 月时最高,阿魏酸、苯甲酸和水杨酸的含量则在 6 月时最高,其中水杨酸在 3 月、9 月、12 月均未测出,而肉桂酸全年均未测出。

3. 桉树纯林、马占相思纯林及桉树与马占相思混交林林间土壤中酚酸季节动态变化与根际土壤中酚酸季节动态变化比较

将图 2-1 和图 2-2 进行比较分析可以发现,在桉树与马占相思混交林中,林间土壤中的 7 种酚酸总含量季节动态变化较小,含量均较低。在马占相思纯林中,林间土壤中的酚酸总含量在各月均低于根际土中的酚酸总含量。林间土壤中的 7 种酚酸总含量在全年的变化基本呈递减趋势。在桉树纯林中,酚酸总含量总体表现为林间大于根际。林间土壤中酚酸总含量在 3 月和 9 月出现两个高峰,而根际土则呈递减趋势。

表 2-5 桉树纯林、马占相思纯林及桉树与马占相思混交林根际土壤中 7 种酚酸含量的动态变化

酚酸物质	林地	不同季节酚酸含量/($\mu g \cdot g^{-1}$)			
		3 月	6 月	9 月	12 月
对羟基苯甲酸	桉树与马占相思混交林(马占相思根际)	4.97	2.66	1.75	9.21
	桉树与马占相思混交林(桉树根际)	19.41	3.45	2.60	13.21
	马占相思纯林	32.90	14.60	26.37	21.98
	桉树纯林	18.70	12.85	6.40	10.79
香草酸	桉树与马占相思混交林(马占相思根际)	6.22	0.77	0.80	2.49
	桉树与马占相思混交林(桉树根际)	10.43	0.96	0.78	1.44
	马占相思纯林	13.09	5.67	11.17	5.12
	桉树纯林	18.20	1.69	2.57	1.70
阿魏酸	桉树与马占相思混交林(马占相思根际)	7.03	1.01	1.36	3.04
	桉树与马占相思混交林(桉树根际)	3.21	1.32	1.06	1.05
	马占相思纯林	10.25	2.95	6.15	1.97
	桉树纯林	1.04	1.31	1.18	0.97
香豆酸	桉树与马占相思混交林(马占相思根际)	4.63	1.83	1.91	1.41
	桉树与马占相思混交林(桉树根际)	3.57	1.38	1.06	1.05
	马占相思纯林	8.31	2.84	3.98	2.21
	桉树纯林	1.77	1.65	1.64	0.88

续表

酚酸物质	林地	不同季节酚酸含量/($\mu g \cdot g^{-1}$)			
		3月	6月	9月	12月
苯甲酸	桉树与马占相思混交林(马占相思根际)	2.30	0.70	0.63	0.71
	桉树与马占相思混交林(桉树根际)	1.00	0.44	0.61	0.42
	马占相思纯林	5.87	1.54	0.86	0.70
	桉树纯林	0.34	0.61	0.55	0.46
水杨酸	桉树与马占相思混交林(马占相思根际)	0.31	0.36	0.26	0.28
	桉树与马占相思混交林(桉树根际)	0.24	0.36	0	0
	马占相思纯林	0.69	0.54	0.26	0.27
	桉树纯林	0	0.35	0	0
肉桂酸	桉树与马占相思混交林(马占相思根际)	0	0	0	0
	桉树与马占相思混交林(桉树根际)	0	0	0	0
	马占相思纯林	0	0.71	0	0
	桉树纯林	0	0	0	0

2.2.2　桉树纯林及桉树与降香黄檀混交林土壤中酚酸的季节动态变化

1. 桉树纯林及桉树与降香黄檀混交林林间土壤中酚酸季节动态变化

桉树纯林及桉树与降香黄檀混交林林间土壤中酚酸季节动态变化，如图 2-3和表 2-6 所示。随着季节的变化，在桉树与降香黄檀混交林林间土壤中的 7 种酚酸总含量在 6 月时达到最高，而在 9 月时总含量最低，6 月和 9 月 7 种酚酸总含量相差近 80%。在桉树纯林林间土壤中 7 种酚酸总含量在 3 月时最高，同样在 9 月时含量最低，且 3 月和 9 月 7 种酚酸总含量相差也达 80%左右。桉树与降香黄檀混交林土壤中的 7 种酚酸总含量仅在 6 月时略高于桉树纯林，在 9 月和 12 月其总含量略低于桉树纯林，而在 3 月其总含量远低于桉树纯林，相差可达 63%左右。可见，桉树与降香黄檀混交林林间土壤中的酚酸总含量总体上低于桉树纯林林间土壤中的酚酸总含量。

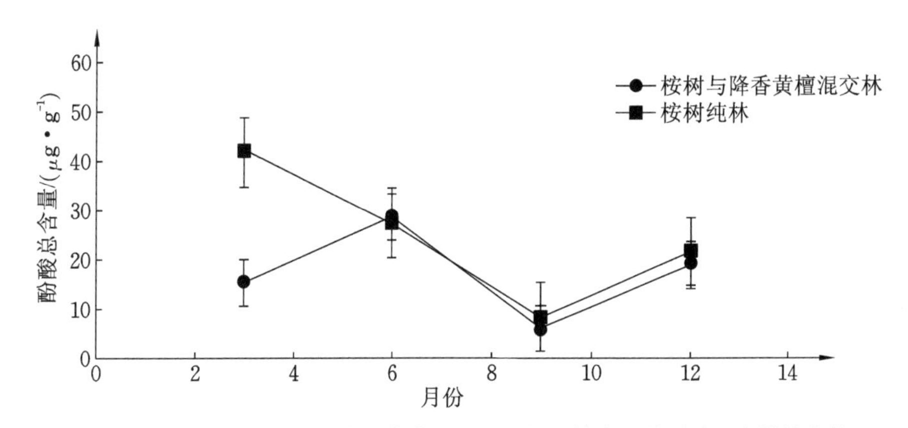

图 2-3　桉树纯林及桉树与降香黄檀混交林林间土壤中 7 种酚酸总含量的变化

表 2-6　桉树纯林及桉树与降香黄檀混交林林间土壤中 7 种酚酸含量的动态变化

酚酸物质	林地	不同季节酚酸含量/($\mu g \cdot g^{-1}$)			
		3 月	6 月	9 月	12 月
对羟基苯甲酸	桉树与降香黄檀混交林	4.97	14.15	2.51	14.29
	桉树纯林	16.37	9.18	2.03	15.85

续表

酚酸物质	林地	不同季节酚酸含量/($\mu g \cdot g^{-1}$)			
		3月	6月	9月	12月
香草酸	桉树与降香黄檀混交林	5.00	4.72	0.72	1.91
	桉树纯林	10.73	7.29	0.47	3.06
阿魏酸	桉树与降香黄檀混交林	1.13	4.67	0.81	1.40
	桉树纯林	3.38	6.26	2.96	1.38
香豆酸	桉树与降香黄檀混交林	3.30	3.82	1.15	0.77
	桉树纯林	9.38	2.64	1.08	0.75
苯甲酸	桉树与降香黄檀混交林	0.51	1.09	0.52	0.52
	桉树纯林	1.65	1.48	1.32	0.53
水杨酸	桉树与降香黄檀混交林	0.29	0.24	0.28	0
	桉树纯林	0.27	0.25	0.30	0
肉桂酸	桉树与降香黄檀混交林	0.24	0	0	0
	桉树纯林	0	0.30	0.27	0

在桉树与降香黄檀混交林林间土壤中，对羟基苯甲酸含量在12月最高；香草酸、水杨酸和肉桂酸含量在3月时最高，其中，水杨酸在12月未测出，而肉桂酸仅在3月测出；阿魏酸、香豆酸和苯甲酸含量在6月时最高。

在桉树纯林中，对羟基苯甲酸、香草酸、香豆酸和苯甲酸含量均在3月最高；阿魏酸含量则在6月时达到最高，与12月时差异显著，含量约相差78%；水杨酸含量在3月、6月和9月相差不大，在12月未测出；而肉桂酸含量在6月和9月相差不大，在3月和12月均未测出。

在桉树与降香黄檀混交林中，对羟基苯甲酸含量最高，约占酚酸总含量的52%，其他6种酚酸含量均较低；而在桉树纯林中，对羟基苯甲酸含量约占酚酸总含量的44%，同样高于其他酚酸，香草酸含量居第二位，约占酚酸总含量的22%，其余5种酚酸含量均较低。

2. 桉树纯林及桉树与降香黄檀混交林根际土壤中酚酸季节动态变化

从图2-4中可以发现，在3月、6月和12月，7种酚酸总含量表现为：桉树与降香黄檀混交林降香黄檀根际土＞桉树与降香黄檀混交林桉树根际土＞桉树纯林根际土；而在9月，7种酚酸总含量表现为：桉树纯林根际土＞桉树与降香黄檀混交林降香黄檀根际土＞桉树与降香黄檀混交林桉树根际土。在桉树与降香黄檀混交林中，降香黄檀根际土中的7种酚酸总含量在12月时出现最高峰，在桉树根际土中最高峰出现在3月，降香黄檀根际土与桉树根际土中的7种酚酸总含量相差均达到50%以上，降香黄檀根际土中的酚酸总含量要高于桉树根际土中的酚酸总含量。在桉树纯林中，7种酚酸的总含量在12月时出现最高峰。在桉树与降香黄檀混交林和桉树纯林根际土壤中的酚酸物质总含量大致表现为：桉树与降香黄檀混交林降香黄檀根际土＞桉树纯林根际土＞桉树与降香黄檀混交林桉树根际土。

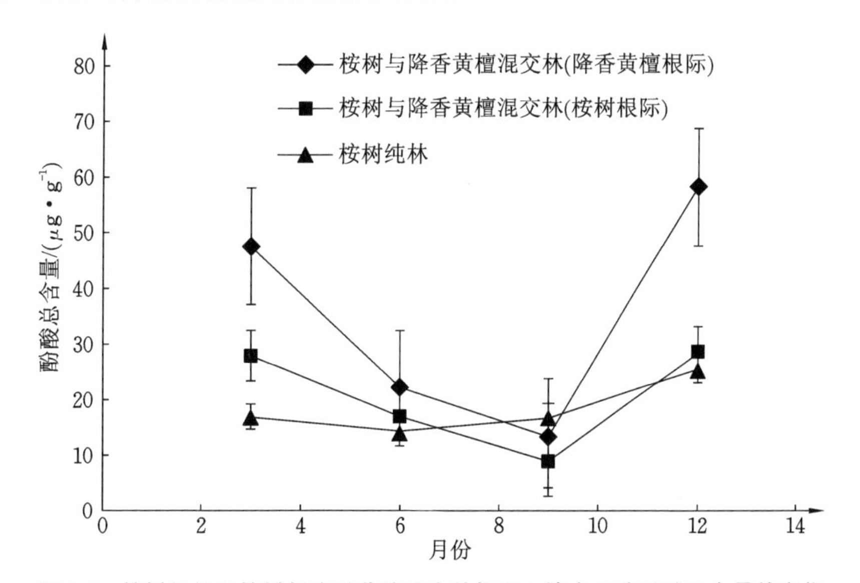

图2-4 桉树纯林及桉树与降香黄檀混交林根际土壤中7种酚酸总含量的变化

从表2-7可以看出，在桉树与降香黄檀混交林的降香黄檀根际土壤中和桉树根际土壤中，对羟基苯甲酸和阿魏酸含量均在12月时最高，9月时最低，而香草酸、香豆酸、苯甲酸和水杨酸含量均在3月时出现最高值，肉桂酸在各个季节均未测出。

表 2-7　桉树纯林及桉树与降香黄檀混交林根际土壤中 7 种酚酸含量的动态变化

酚酸物质	林地	不同季节酚酸含量/($\mu g \cdot g^{-1}$)			
		3 月	6 月	9 月	12 月
对羟基苯甲酸	桉树与降香黄檀混交林(降香黄檀根际)	13.24	9.73	4.07	33.65
	桉树与降香黄檀混交林(桉树根际)	5.09	9.70	3.06	20.13
	桉树纯林	5.57	8.49	10.49	19.08
香草酸	桉树与降香黄檀混交林(降香黄檀根际)	14.79	3.25	1.43	6.74
	桉树与降香黄檀混交林(桉树根际)	11.85	2.93	1.40	2.95
	桉树纯林	1.70	0.95	2.14	2.27
阿魏酸	桉树与降香黄檀混交林(降香黄檀根际)	3.42	5.14	3.52	11.51
	桉树与降香黄檀混交林(桉树根际)	2.30	1.73	1.19	2.88
	桉树纯林	2.87	1.78	1.54	1.38
香豆酸	桉树与降香黄檀混交林(降香黄檀根际)	8.03	2.69	2.70	5.00
	桉树与降香黄檀混交林(桉树根际)	5.04	1.49	2.18	1.47
	桉树纯林	4.17	1.54	1.46	1.52

续表

酚酸物质	林地	不同季节酚酸含量/($\mu g \cdot g^{-1}$)			
		3 月	6 月	9 月	12 月
苯甲酸	桉树与降香黄檀混交林(降香黄檀根际)	6.66	0.88	1.20	0.84
	桉树与降香黄檀混交林(桉树根际)	3.20	0.58	0.69	0.57
	桉树纯林	2.13	1.37	0.98	0.96
水杨酸	桉树与降香黄檀混交林(降香黄檀根际)	1.49	0.27	0.27	0.23
	桉树与降香黄檀混交林(桉树根际)	0.38	0.25	0.22	0.26
	桉树纯林	0.51	0	0.24	0
肉桂酸	桉树与降香黄檀混交林(降香黄檀根际)	0	0	0	0
	桉树与降香黄檀混交林(桉树根际)	0	0	0	0
	桉树纯林	0	0	0	0

在桉树纯林根际土壤中，对羟基苯甲酸和香草酸含量在12月时最高，阿魏酸、香豆酸、苯甲酸和水杨酸含量在3月时最高，其中，水杨酸在6月和12月没有测出，而肉桂酸在各个季节均未测出。

在桉树与降香黄檀混交林的降香黄檀根际土壤中、桉树根际土壤中和桉树纯林根际土壤中，对羟基苯甲酸都是其中主要的酚酸物质，其含量分别约占酚酸总含量的43%、47%和60%，而其余6种酚酸含量相对较低，均小于25%。

3. 桉树纯林及桉树与降香黄檀混交林林间土壤中酚酸季节动态变化与根际土壤中酚酸季节动态变化比较

从7种酚酸总含量在不同季节各林地林间土壤中和根际土壤中的动态变化（见图2-3、图2-4）可以看出，在桉树与降香黄檀混交林中，根际土壤中的酚酸总含量均高于林间土壤中的酚酸总含量。根际土壤中的酚酸总含量在3月和12月时较高，而林间土壤中的酚酸总含量则在6月和12月时较高。

在桉树纯林中，林间土壤中的酚酸总含量在3月时最高，明显高于根际土壤中3月的酚酸总含量，并且在9月时含量最低，与根际土壤中9月的酚酸总含量相差较大；而根际土壤中各季节的酚酸总含量变化不大，仅在12月时略高于其他月。

2.3 讨论与小结

桉树连栽并未造成土壤中酚酸物质的积累，而桉树与豆科树种的混交林的连栽容易造成土壤中酚酸物质的积累。李天杰（1996）研究认为，土壤中的有毒物质主要为酚类物质。随着近年来对酚类物质研究的发展，越来越多的学者认为，随着林木栽植代数不断增加，土壤中的酚类物质可能会产生积累的现象。其中，张宪武（1993）在对土壤微生物的研究中发现，香草醛在头耕土中的氧化能力明显低于三耕土，这说明香草醛在三耕土中可能有所积累；而杜国坚等在对杉木连栽回心土造林技术研究中指出，杉木凋落物分解过程中所形成的酚类物质在土壤表层中积累，从而导致杉木盆栽和回表土造林的成活率低，且生长较差（董哲，2013）。

而在本研究中，从酚酸物质年平均总含量来看，一代桉树纯林林间土壤和根际土壤中的7种酚酸(对羟基苯甲酸、香草酸、阿魏酸、香豆酸、苯甲酸、水杨酸和肉桂酸)的年平均总含量大部分略高于二代桉树纯林。可见,随着桉树的连栽,土壤中的酚酸物质略有减少,并未造成土壤中酚酸物质的积累。而在一代桉树与马占相思混交林林间土壤中和根际土壤中的7种酚酸年平均总含量大部分低于二代桉树与降香黄檀混交林,这可能是由于二代桉树萌芽林的前期砍伐,导致二代桉树与降香黄檀混交林林地物种多样性骤降,抵抗外界胁迫的能力有所下降,林木的根系通过大量分泌酚酸物质来缓解外界胁迫(董哲,2013),从而使酚酸物质含量有所增加,形成一定的积累。王延平也在连作杨树人工林地力衰退的研究中指出,酚酸物质的产生和释放是决定其在土壤中积累的重要因素,酚酸物质的释放与植物面临的营养逆境有关。但是,在各个月份不同林地林间土壤中和根际土壤中酚酸总含量并不一定都呈现出以上规律。在林间土壤中,一代桉树纯林在6月和12月时的酚酸总含量均低于二代桉树纯林,表现出一定的积累性,而一代桉树与马占相思混交林在9月时的酚酸总含量高于二代桉树与降香黄檀混交林。在根际土壤中,一代桉树纯林在9月和12月时的酚酸总含量均低于二代桉树纯林,而一代桉树与马占相思混交林桉树根际土壤中的酚酸总含量在3月、6月、9月、12月时均高于二代桉树与降香黄檀混交林桉树根际土壤,这可能与土壤酚类物质各指标的季节变化有关(叶发茂,2009)。

酚酸类化感物质进入土壤的一种重要途径是根系的分泌,其在林分的连作障碍中发挥一定的作用(Rice,1984)。而根际土壤是根分泌释放的酚酸类化感物质进入土壤后的第一储存库,且由于根际土壤中含有大量的有机物质,生物活性比林间土壤的强,代谢旺盛,所以根际土壤应该比林间土壤产生更多的酚酸物质(姜培坤 等,2000)。在本研究中,马占相思纯林、一代桉树与马占相思混交林和二代桉树与降香黄檀混交林3块林地土壤中的酚酸年平均总量均表现为根际大于林间,与理论推断相符,但在一代桉树纯林和二代桉树纯林中,林间土壤中的酚酸物质年平均总量却都高于根际土壤,这可能是由于桉树分泌的化感物质容易被分散到林间土壤中,进而影响桉树纯林的林下植被,形成化感效应,其有可能抑制绝大多数植物的生长,从而造成桉树纯林林下植被物种的多样性减少,使林下植物结构简单、数量稀少(叶陈英,2010)。叶陈英(2010)还在水稻根系酚酸类化感物质分泌动态及其对土壤生理生化特性的影响研究中指出,绝大部分的化感物质需要通过土壤的传递才能到达受体植物,而在传递过程中容易受到土壤微生物及土壤理化性质的影响,进而增强或降低化感作用。

混交林在发挥森林多种效益、抗御病虫害以及维持林分稳定性等方面都显著优于纯林，在我国部分地区混交林造林面积可达造林总面积的20%左右，取得了良好的经济效益(曹光球，2006)。但是，在混交林的营造问题上，至今仍有许多盲点存在，化感作用就是常被忽略的一点。王爱萍(2004)在研究中提出，乔木和灌木自身及相互之间均存在化感作用，能够影响自身的生长和发育；曹光球(2006)和王辉(2009)分别在对杉木和刺槐的自毒作用及与主要伴生树种的化感作用研究中指出，混交树种通过淋溶、凋落物分解以及根系分泌等途径向林地中释放化感物质，从而对林地的微生物以及混交植株产生良好的作用，有助于缓解林木的自毒作用。

不同酚酸物质对土壤微生物的影响可能存在不同(马云华 等，2005)。吴尃等(1999)研究发现，酚酸类化合物分子中的不同基团对土壤中的硝化作用产生不同的影响；而谭秀梅等(2008)则在试验中发现，在二代杨树林根际土壤中阿魏酸和对羟基苯甲酸含量极高。本研究通过对一、二代桉树纯林，马占相思纯林，以及桉树与马占相思混交林、桉树与降香黄檀混交林林间土壤和根际土壤中的对羟基苯甲酸、香草酸、阿魏酸、香豆酸、苯甲酸、水杨酸和肉桂酸7种酚酸物质进行季节动态变化分析发现，桉树纯林及其与马占相思、降香黄檀混交林林间和根际土壤中的对羟基苯甲酸的含量始终处于最高水平，其有可能是土壤中主要的化感物质，含量居后的为香草酸和香豆酸。在一定程度上，对羟基苯甲酸可以作为生物检查指标，来评价化感效应(李天伦，2013)。而在以上林地中，阿魏酸、苯甲酸、水杨酸和肉桂酸含量均较低，且部分林地中未检测出水杨酸、肉桂酸。桉树人工纯林和混交林酚酸物质呈现出一定的规律性，说明桉树根系分泌或树冠淋洗可能是造成林地土壤酚酸积累的主要原因之一。

第3章

桉树与豆科树种混交林土壤中酚酸物质的吸附特征

在植物的生命活动过程中，酚酸物质是重要的次生代谢产物之一（Swain et al.,1979）。其生物合成主要是通过植物生理过程中的莽草酸途径（王闯等,2009），并经由植物地上部分的淋洗、根系的分泌、微生物的活动、有机物及凋落物的腐解等多种途径进入土壤，影响土壤中营养物质的有效形态及微生物种群的分布等。酚酸物质在土壤中的吸附-解吸附能力的大小对其在土壤中的迁移、转化及降解等环境行为具有重要影响。

本研究通过向桉树纯林及桉树与不同豆科树种混交林林地土壤中添加对羟基苯甲酸、苯甲酸、香草酸、阿魏酸、肉桂酸、水杨酸和香豆酸7种外源酚酸，来研究这7种酚酸物质在不同林地土壤中的吸附和解吸附特征，为桉树与豆科树种混交林能够降低林间土壤中的酚酸物质含量，从而减少化感效应的发生提供佐证。

3.1 材料与方法

3.1.1 试验材料

试验地设置桉树纯林、桉树与降香黄檀混交林，桉树纯林、马占相思纯林和桉树与马占相思混交林，共5种林分类型。在桉树纯林及混交林中，选取5株巨尾桉标准木，同时分别选定5株与其相邻的混交树种，于2013年3月、6月、9月、12月采集试验土壤样品，并对取样点进行标记。

(1) 根际土壤采集

在5个林分的上、中、下坡分别随机抽取3株平均木，用抖落法将所选植株的根部取样方位上的土壤抖落，上、中、下坡混合作为该林地根际土壤样品（混交林应取2种树种的根际土壤），于2013年3月、6月、9月、12月进行全年连续动态取样，进行酚酸季节动态的检测。

（2）林间土壤采集

在5个林分的上、中、下坡分别随机抽取3株平均木，呈矩形在平均木周围选取4个取样点，各取样点分别位于平均木与周围3棵树的中心，从垂直方向上0～30 cm处取土壤并混合作为非根际土壤样品。同样于2013年3月、6月、9月、12月分别取样进行酚酸林间土壤季节动态的检测，于6月进行土壤吸附动力学试验、等温吸附试验和等温解吸附试验。

3.1.2 试验设计

（1）吸附动力学试验

将不同林地灭菌土壤样品各取4份，每份5 g，置于不同灭菌锥形瓶中，并向其中加入浓度为100 $\mu g \cdot mL^{-1}$的7种酚酸混合标准液50 mL，在25 ℃恒温和180 $r \cdot min^{-1}$振荡速度条件下进行振荡。在试验开始后的1 h、4 h、8 h、14 h、24 h、36 h、48 h、60 h和72 h分别吸取2 mL上清液，进行10 min的离心，取上清液，经0.22 μm滤膜过滤，后上高效液相色谱仪进行色谱分析。

（2）等温吸附试验

将不同林地的灭菌土壤样品各取4份，每份5 g，加入100 mL灭菌锥形瓶中。各相同林地的4份土壤样品依次加入浓度为100 $\mu g \cdot mL^{-1}$、200 $\mu g \cdot mL^{-1}$、300 $\mu g \cdot mL^{-1}$、400 $\mu g \cdot mL^{-1}$的7种酚酸混合标准液50 mL，在恒温(25 ℃)条件下进行24 h振荡(振荡速度同上)，静置30 min，至上清液与沉淀完全分离，再用移液枪吸取2 mL上清液，在室温下进行10 min的离心，转速为4 000 $r \cdot min^{-1}$，取上清液，经0.22 μm滤膜过滤，后上高效液相色谱仪进行色谱分析。

（3）等温解吸附试验

在吸附完成后的土壤样品溶液中继续取8 mL上清液，而后加入10 mL超纯水，使溶液体积仍然保持在50 mL，在恒温(25 ℃)条件下进行24 h振荡(振荡速度同上)，静置30 min后，吸取2 mL上清液，离心(条件同上)，经0.22 μm滤膜过滤，后上高效液相色谱仪进行色谱分析。

3.1.3 数据处理方法

（1）吸附动力学试验

根据所加入的酚酸混合标准液的初始浓度和吸附平衡体系中的酚酸浓度

之差来计算土壤对酚酸的吸附量和吸附率。

吸附量计算公式如下

$$C_s=x/m=\frac{(C_o-C_e)\cdot V}{M}$$

吸附率计算公式如下

$$R_s=\frac{(C_o-C_e)}{C_o}$$

式中：C_s——单位质量土壤中酚酸的吸附量，单位为 $\mu g \cdot g^{-1}$；

C_o——加入的酚酸标准液浓度，单位为 $\mu g \cdot mL^{-1}$；

C_e——吸附平衡后溶液中酚酸的浓度，单位为 $\mu g \cdot mL^{-1}$；

V——吸取溶液的体积，单位为 mL；

M——土壤样品的质量，单位为 g；

R_s——酚酸的吸附率。

（2）等温吸附试验

应用 Freundlich 等温吸附方程模拟酚酸在不同林地土壤中的吸附热力学特征，从而分析研究所获得的各项参数。Freundlich 等温吸附方程如下

$$C_s=K_d\cdot C_e^{1/n}\text{，或 }\lg C_s=\lg K_d+\frac{1}{n}\lg C_e$$

式中：C_s 意义同上；

K_d——酚酸吸附平衡常数，K_d 值越大，表明酚酸物质与吸附剂的亲和力越大；

$1/n$——拟合方程系数，当 $1/n>1$ 时，等温吸附曲线呈现凹形（S 形等温曲线），当 $1/n<1$ 时，等温吸附曲线呈现凸形（L 形等温曲线）。

（3）等温解吸附试验

解吸率计算公式如下

$$R_d=\frac{(C_s-C_s^*)}{C_s}$$

$$C_s^*=\frac{(C_e-C_e^*)\cdot V}{M}$$

式中：C_e、C_s、V、M 意义同上；

R_d——酚酸的解吸率；

C_s^*——解吸平衡后酚酸的吸附量，单位为 $\mu g \cdot g^{-1}$；

C_e^*——解吸平衡后溶液中酚酸的浓度，单位为 $\mu g \cdot mL^{-1}$。

3.2 结果与分析

3.2.1 吸附动力学特征

根据外源酚酸在 3 种林地土壤中的吸附量随时间的变化动态曲线(见图 3-1)可以看出,在快速吸附阶段,对羟基苯甲酸在马占相思纯林和桉树与马占相思混交林中的快速吸附时间都为 4 h,而在桉树纯林中的快速吸附时间则为 8 h,其后进入慢速吸附阶段,直至趋于平衡。对羟基苯甲酸在桉树纯林、马占相思纯林和桉树与马占相思混交林中的平均吸附量差异明显,分别为 115.14 $\mu g \cdot g^{-1}$、105.21 $\mu g \cdot g^{-1}$、75.37 $\mu g \cdot g^{-1}$,桉树纯林和马占相思纯林的最大吸附量相当,且均高于桉树与马占相思混交林。香草酸与阿魏酸在桉树纯林、马占相思纯林和桉树与马占相思混交林中的快速吸附时间分别为 8 h、4 h、1 h,3 种林地吸附平衡后的平均吸附量和最大吸附量无明显差异。香豆酸在桉树纯林、马占相思纯林和桉树与马占相思混交林中的快速吸附持续时间较长,均为 48 h。香豆酸达到吸附平衡后,在桉树纯林、马占相思纯林以及桉树与马占相思混交林中的平均吸附量分别为 741.45 $\mu g \cdot g^{-1}$、952.495 $\mu g \cdot g^{-1}$、870.22 $\mu g \cdot g^{-1}$(吸附平衡后的平均吸附量为计算值,未显示在图上)。苯甲酸在 3 种林地中的吸附动力曲线波动较大,大致可以看出,其在桉树纯林、马占相思纯林和桉树与马占相思混交林中快速吸附时间均为 8 h,其达到平衡后,平均吸附量分别为 134.95 $\mu g \cdot g^{-1}$、124.09 $\mu g \cdot g^{-1}$、115.61 $\mu g \cdot g^{-1}$。水杨酸在桉树纯林、马占相思纯林和桉树与马占相思混交林中的快速吸附时间分别为 36 h、4 h 和 8 h,而其平衡后的平均吸附量分别为 207.93 $\mu g \cdot g^{-1}$、119.85 $\mu g \cdot g^{-1}$、133.16 $\mu g \cdot g^{-1}$,桉树纯林的平均吸附量远高于马占相思纯林及桉树与马占相思混交林的平均吸附量。肉桂酸在桉树纯林、马占相思纯林和桉树与马占相思混交林中的快速吸附时间分别为 14 h、4 h 和 8 h,平均吸附量分别为 310.22 $\mu g \cdot g^{-1}$、330.76 $\mu g \cdot g^{-1}$、275.59 $\mu g \cdot g^{-1}$。其中,香豆酸的平均吸附量远大于其他 6 种酚酸的平均吸附量。

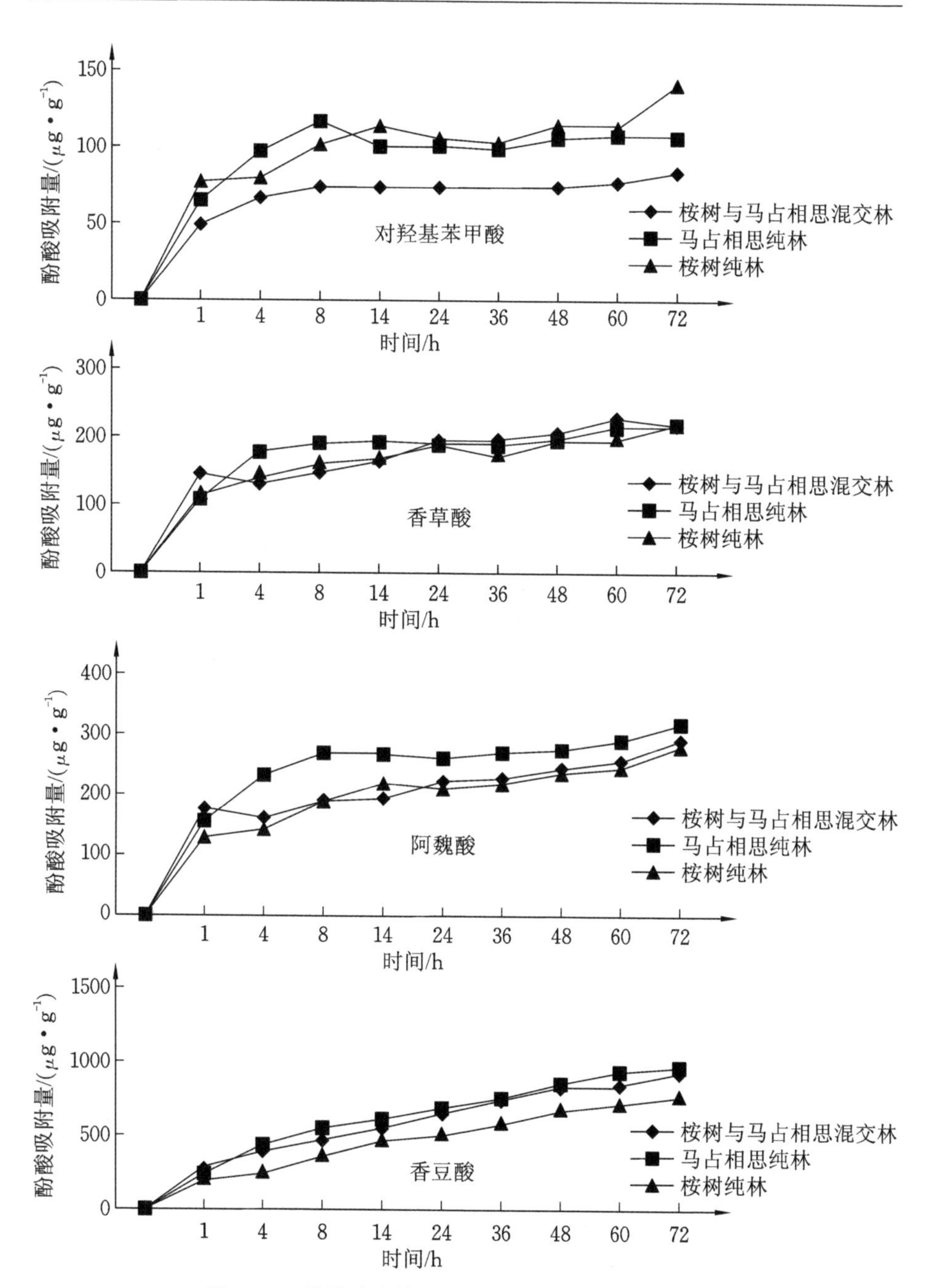

图 3-1　7 种酚酸在桉树纯林、马占相思纯林及桉树与马占相思混交林土壤中的吸附动态曲线

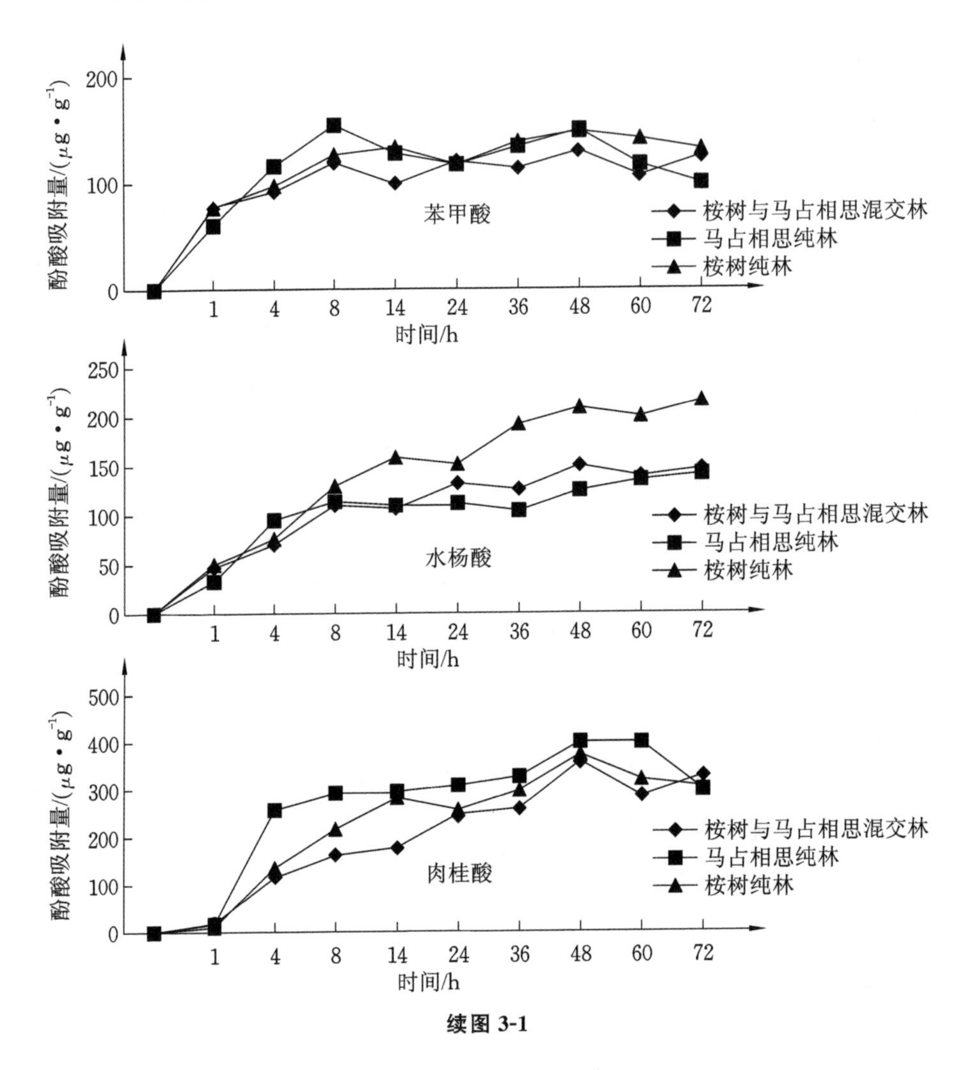

续图 3-1

同时根据 Elvoich 拟合方程，对其进行求导可求出酚酸吸附速率 V($V=\frac{\mathrm{d}y}{\mathrm{d}t}=\frac{b}{t}$)，其与吸附时间呈反比，即随着时间的增加，吸附速率逐渐降低，其值无限趋近于零，吸附达到平衡状态。对方程两边取对数($\ln V=\ln b-\ln t$)，根据 Elvoich 拟合方程的各相关系数，绘制酚酸在不同林地土壤中的吸附速率的对数与吸附时间的对数的线性关系曲线(见图 3-2)。从线性关系曲线可以看出，在桉树纯林中，7 种酚酸的吸附速率由高到低依次为香豆酸、肉桂酸、水杨酸、阿魏酸、香草酸、苯甲酸、对羟基苯甲酸；在马占相思纯林中，7 种酚酸的吸附速率由高到低依次为香豆酸、肉桂酸、阿魏酸、水杨酸、香草酸、对羟基苯甲酸、苯甲酸；而在桉树与马占相思混交林中，7 种酚酸的吸附速率由高到低依次为香豆酸、肉桂酸、阿魏酸、水杨酸、香草酸、苯甲酸、对羟基苯甲酸。

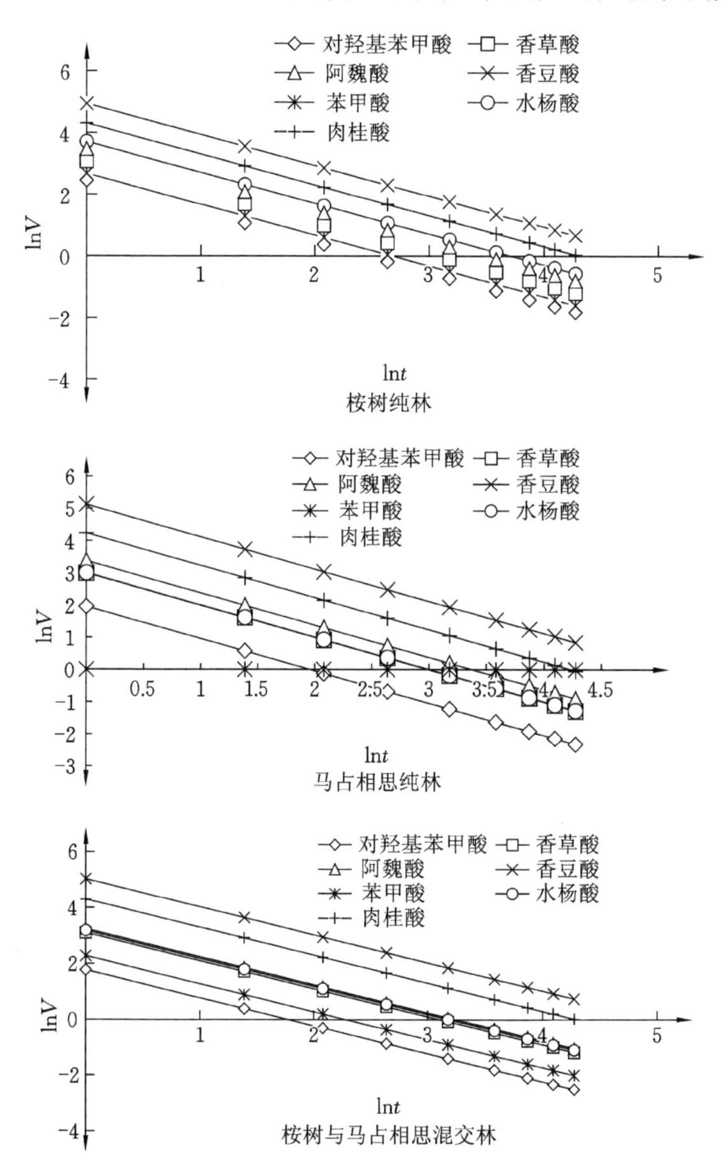

图 3-2　酚酸吸附速率的自然对数（lnV）与时间的自然对数（ln*t*）之间的关系

3.2.2 等温吸附特征

1. 等温吸附能力

从表 3-1 中可以看出，随着初始浓度的增加，吸附平衡浓度也相应增加。在桉树与马占相思混交林中，7 种酚酸的吸附量也随初始浓度的增加而增加；在马占相思纯林中，除香草酸、香豆酸、苯甲酸、水杨酸和肉桂酸的吸附量随初始浓度的增加而增加外，其余 2 种酚酸的吸附量无明显变化规律；而在桉树纯林中，除肉桂酸的吸附量随初始浓度的增加而增加外，其余酚酸的吸附量均无明显变化规律。比较不同初始浓度条件下 7 种酚酸的吸附率可以发现，在桉树与马占相思混交林中，除香豆酸、水杨酸外，其余 5 种酚酸均在高浓度时吸附率较高；在马占相思纯林中，7 种酚酸的吸附率没有明显的变化规律；而在桉树纯林中，7 种酚酸大多表现为在低浓度时吸附率较高。在 3 种林地中，7 种酚酸的平均吸附率都较低，其中香豆酸的平均吸附率稍高，平均可达 23% 左右；而对羟基苯甲酸的平均吸附率最低，平均仅为 8% 左右；除苯甲酸和水杨酸外，其余 5 种酚酸在桉树与马占相思混交林中的平均吸附率都高于其在桉树纯林和马占相思纯林中的平均吸附率；而苯甲酸在马占相思纯林中的平均吸附率高于在桉树纯林中的平均吸附率，其在混交林中的平均吸附率最低；水杨酸的平均吸附率则表现为：桉树纯林＞桉树与马占相思混交林＞马占相思纯林。

表 3-1　桉树纯林、马占相思纯林及桉树与马占相思混交林土壤中酚酸的等温吸附能力

酚酸种类	林地	初始浓度 C_0 /(μg·mL^{-1})	吸附平衡浓度 C_e /(μg·mL^{-1})	吸附量 C_s /(μg·g^{-1})	吸附率 R_s /(%)	平均吸附率 /(%)
对羟基苯甲酸	桉树与马占相思混交林	100	95.24	47.57	4.76	9.52
		200	188.97	110.33	5.52	
		300	267.43	325.67	10.86	
		400	332.19	678.14	16.95	

续表

酚酸种类	林地	初始浓度 C_0 /($\mu g \cdot mL^{-1}$)	吸附平衡浓度 C_e /($\mu g \cdot mL^{-1}$)	吸附量 C_s /($\mu g \cdot g^{-1}$)	吸附率 R_s /(%)	平均吸附率 /(%)
对羟基苯甲酸	马占相思纯林	100	92.99	70.11	7.01	7.65
		200	179.62	203.79	10.19	
		300	282.02	179.79	5.99	
		400	370.35	296.48	7.41	
	桉树纯林	100	79.14	208.55	20.86	9.26
		200	189.36	106.43	5.32	
		300	286.94	130.57	4.35	
		400	373.95	260.49	6.51	
香草酸	桉树与马占相思混交林	100	92.32	76.84	7.68	12.85
		200	183.96	160.40	8.02	
		300	257.68	423.19	14.11	
		400	313.70	862.99	21.57	
	马占相思纯林	100	91.54	84.56	8.46	9.65
		200	178.11	218.91	10.95	
		300	274.90	251.01	8.37	
		400	356.62	433.83	10.85	
	桉树纯林	100	77.23	227.74	22.77	11.88
		200	184.93	150.73	7.54	
		300	278.82	211.78	7.06	
		400	359.45	405.48	10.14	

续表

酚酸种类	林地	初始浓度 C_0 /(μg·mL^{-1})	吸附平衡浓度 C_e /(μg·mL^{-1})	吸附量 C_s /(μg·g^{-1})	吸附率 R_s /(%)	平均吸附率 /(%)
阿魏酸	桉树与马占相思混交林	100	92.89	71.08	7.11	13.61
		200	175.72	242.80	12.14	
		300	250.43	495.71	16.52	
		400	325.39	746.08	18.65	
	马占相思纯林	100	89.51	104.93	10.49	13.41
		200	165.47	345.34	17.27	
		300	273.15	268.52	8.95	
		400	332.36	676.42	16.91	
	桉树纯林	100	85.87	141.35	14.13	8.75
		200	189.23	107.71	5.39	
		300	279.80	202.05	6.73	
		400	364.97	350.28	8.76	
香豆酸	桉树与马占相思混交林	100	77.19	228.06	22.81	29.60
		200	160.39	396.10	19.80	
		300	190.89	1 091.06	36.37	
		400	242.28	1 577.24	39.43	
	马占相思纯林	100	75.84	241.57	24.16	21.87
		200	159.68	403.17	20.16	
		300	254.86	451.44	15.05	
		400	287.60	1 124.03	28.10	
	桉树纯林	100	69.26	307.42	30.74	19.97
		200	168.18	318.16	15.91	
		300	241.99	580.13	19.34	
		400	344.40	556.01	13.90	

续表

酚酸种类	林地	初始浓度 C_0 /(μg·mL^{-1})	吸附平衡浓度 C_e /(μg·mL^{-1})	吸附量 C_s /(μg·g^{-1})	吸附率 R_s /(%)	平均吸附率 /(%)
苯甲酸	桉树与马占相思混交林	100	96.41	35.89	3.59	11.71
		200	186.92	130.80	6.54	
		300	258.05	419.54	13.98	
		400	309.04	909.58	22.74	
	马占相思纯林	100	94.45	55.47	5.55	12.42
		200	173.44	265.61	13.28	
		300	267.29	327.06	10.90	
		400	320.16	798.44	19.96	
	桉树纯林	100	87.00	130.03	13.00	11.97
		200	187.85	121.51	6.08	
		300	269.08	309.25	10.31	
		400	326.09	739.10	18.48	
水杨酸	桉树与马占相思混交林	100	88.37	116.29	11.63	13.79
		200	181.46	185.43	9.27	
		300	258.02	419.79	13.99	
		400	318.97	810.27	20.26	
	马占相思纯林	100	87.86	121.45	12.14	10.84
		200	176.56	234.43	11.72	
		300	275.32	246.76	8.23	
		400	355.00	500.00	11.25	
	桉树纯林	100	72.86	271.43	27.14	14.01
		200	181.46	185.37	9.27	
		300	274.62	253.82	8.46	
		400	355.34	446.62	11.17	

续表

酚酸种类	林地	初始浓度 C_0 /(μg·mL^{-1})	吸附平衡浓度 C_e /(μg·mL^{-1})	吸附量 C_s /(μg·g^{-1})	吸附率 R_s /(%)	平均吸附率 /(%)
肉桂酸	桉树与马占相思混交林	100	93.57	64.26	6.43	24.99
		200	154.53	454.67	22.73	
		300	197.28	1 027.20	34.24	
		400	253.72	1 462.82	36.57	
	马占相思纯林	100	90.26	97.37	9.74	19.42
		200	159.51	404.95	20.25	
		300	247.51	524.88	17.50	
		400	279.20	1 207.95	30.20	
	桉树纯林	100	90.83	91.73	9.17	13.10
		200	179.68	203.23	10.16	
		300	248.38	516.22	17.21	
		400	336.52	634.77	15.87	

2. 等温吸附模拟

用 Freundlich 等温吸附方程对 7 种酚酸在桉树与马占相思混交林、马占相思纯林和桉树纯林土壤中的等温吸附进行拟合。由表 3-2 可知，除桉树纯林中的对羟基苯甲酸、香草酸和水杨酸无法拟合外，对于桉树与马占相思混交林中的对羟基苯甲酸、香草酸、阿魏酸、苯甲酸和肉桂酸，马占相思纯林中的香草酸、苯甲酸和肉桂酸以及桉树纯林中的肉桂酸，Freundlich 方程都能很好地描述其在土壤中的等温吸附特性，且拟合系数和相关系数均大于 0.9，相关性显著；而其他各林地中的不同酚酸也可以进行拟合，但相关性不显著。比较表 3-2 中拟合方程的各系数可以发现，在桉树与马占相思混交林中，苯甲酸和肉桂酸的吸附常数 K_d 值较其他两种林分的大；阿魏酸和香豆酸的 K_d 值均表现为：桉树纯林＞马占相思纯林＞桉树与马占相思混交林；而对羟基苯甲酸、香草酸和水杨酸在桉树纯林中无法拟合，这三者的 K_d 值表现为：马占相思纯林＞桉树与马占相思混交林。在桉树与马占相思混交林中，7 种酚酸的拟合系数 $1/n>1$；在马占相思纯林中，对羟基苯甲酸、香豆酸和水杨酸的拟合系数 $1/n<1$，香草酸、阿魏酸、苯甲酸和肉桂酸的拟合系数 $1/n>1$；在桉树纯林中，苯甲酸和肉桂酸的拟合系数 $1/n>1$，阿魏酸和香豆酸的拟合系数 $1/n<1$。

表 3-2　桉树纯林、马占相思纯林及桉树与马占相思混交林土壤中酚酸的等温吸附特性

酚酸种类	林地	吸附常数 K_d	拟合系数 $1/n$	相关系数 r	P
对羟基苯甲酸	桉树与马占相思混交林	0.003	2.080	0.938	0.031*
	马占相思纯林	1.150	0.940	0.848	0.060
	桉树纯林	—	—	—	—
香草酸	桉树与马占相思混交林	0.010	1.900	0.921	0.040*
	马占相思纯林	0.570	1.120	0.951	0.025*
	桉树纯林	—	—	—	—
阿魏酸	桉树与马占相思混交林	0.010	1.900	0.999	0.001**
	马占相思纯林	0.670	1.150	0.766	0.125
	桉树纯林	9.100	0.560	0.486	0.303
香豆酸	桉树与马占相思混交林	0.140	1.670	0.848	0.079
	马占相思纯林	4.500	0.900	0.727	0.147
	桉树纯林	48.530	0.420	0.695	0.166
苯甲酸	桉树与马占相思混交林	1.320	2.710	0.967	0.017*
	马占相思纯林	0.010	1.970	0.933	0.034*
	桉树纯林	0.550	1.160	0.630	0.206
水杨酸	桉树与马占相思混交林	0.150	1.440	0.881	0.061
	马占相思纯林	2.950	0.830	0.900	0.051
	桉树纯林	—	—	—	—
肉桂酸	桉树与马占相思混交林	3.070	3.240	0.972	0.014*
	马占相思纯林	0.010	1.970	0.925	0.038*
	桉树纯林	0.080	1.560	0.959	0.021*

注：以上各处理样本数均为 12 种，“ * ”表示差异显著，“ ** ”表示差异极显著。

3.2.3 解吸附特征

由表 3-3 可以看出，在桉树与马占相思混交林中 7 种酚酸均有发生解吸附，其中对羟基苯甲酸、香草酸和水杨酸 3 种酚酸均在高浓度时有较高的解吸率，其他几种酚酸发生解吸的规律则不明显。在马占相思纯林中，对羟基苯甲酸、香草酸和水杨酸全程均未发生解吸附，而其余 5 种酚酸均在高浓度时有较高的解吸率。在桉树纯林中，对羟基苯甲酸、香草酸、香豆酸和水杨酸的解吸附随初始浓度增加从有到无，浓度最低时解吸率最高；苯甲酸和肉桂酸的解吸附则随初始浓度增加从无到有，解吸率逐渐增加，但高浓度时的解吸率并不高；而阿魏酸全程都未发生解吸附。在高浓度条件下，7 种酚酸在桉树与马占相思混交林中的解吸率大多高于 2 块纯林中的解吸率；而在最低浓度条件下，7 种酚酸在桉树与马占相思混交林中均未发生解吸附。

表 3-3 酚酸在桉树纯林、马占相思纯林及桉树与马占相思混交林土壤中的解吸附特性

酚酸种类	林地	初始浓度 C_o /(μg·mL^{-1})	解吸平衡浓度 C_e^* /(μg·mL^{-1})	解吸量($C_s-C_s^*$) /(μg·g^{-1})	解吸率 R_d /(%)
对羟基苯甲酸	桉树与马占相思混交林	100	74.59	—	—
		200	153.57	—	—
		300	221.53	—	—
		400	316.29	519.21	76.56
	马占相思纯林	100	63.27	—	—
		200	153.76	—	—
		300	224.69	—	—
		400	307.46	—	—
	桉树纯林	100	72.31	140.20	67.22
		200	129.08	—	—
		300	232.23	—	—
		400	301.54	—	—

续表

酚酸种类	林地	初始浓度 C_o /(μg·mL^{-1})	解吸平衡浓度 C_e^* /(μg·mL^{-1})	解吸量($C_s-C_s^*$) /(μg·g^{-1})	解吸率 R_d /(%)
香草酸	桉树与马占相思混交林	100	69.60	—	—
		200	147.49	—	—
		300	213.92	—	—
		400	304.90	775.01	89.81
	马占相思纯林	100	60.59	—	—
		200	150.06	—	—
		300	220.72	—	—
		400	297.38	—	—
	桉树纯林	100	70.52	160.67	70.55
		200	123.69	—	—
		300	226.94	—	—
		400	292.80	—	—
阿魏酸	桉树与马占相思混交林	100	67.83	—	—
		200	145.03	—	—
		300	217.46	165.98	33.48
		400	301.61	508.23	68.12
	马占相思纯林	100	67.22	—	—
		200	145.15	142.22	41.18
		300	226.31	—	—
		400	294.24	295.24	43.65
	桉树纯林	100	69.96	—	—
		200	138.87	—	—
		300	222.95	—	—
		400	295.78	—	—

续表

酚酸种类	林地	初始浓度 C_0 /(μg·mL^{-1})	解吸平衡浓度 C_e^* /(μg·mL^{-1})	解吸量($C_s-C_s^*$) /(μg·g^{-1})	解吸率 R_d /(%)
香豆酸	桉树与马占相思混交林	100	47.66	—	—
		200	118.15	—	—
		300	177.90	961.11	88.09
		400	256.54	1 719.90	100
	马占相思纯林	100	47.69	—	—
		200	123.79	44.25	10.98
		300	190.58	—	—
		400	260.98	857.91	76.32
	桉树纯林	100	53.67	151.50	49.28
		200	105.96	—	—
		300	195.53	115.51	19.91
		400	263.24	—	—
苯甲酸	桉树与马占相思混交林	100	74.93	—	—
		200	153.99	—	—
		300	219.24	31.49	7.51
		400	290.53	724.49	79.65
	马占相思纯林	100	54.06	—	—
		200	154.19	73.14	27.54
		300	226.94	—	—
		400	283.80	434.86	54.46
	桉树纯林	100	70.49	—	—
		200	142.02	—	—
		300	227.13	—	—
		400	281.71	295.33	39.96

续表

酚酸种类	林地	初始浓度 C_o /(μg・mL^{-1})	解吸平衡浓度 C_e^* /(μg・mL^{-1})	解吸量($C_s-C_s^*$) /(μg・g^{-1})	解吸率 R_d /(%)
水杨酸	桉树与马占相思混交林	100	68.58	—	—
		200	148.53	—	—
		300	213.15	—	—
		400	298.60	606.54	74.86
	马占相思纯林	100	56.94	—	—
		200	150.70	—	—
		300	217.74	—	—
		400	294.92	—	—
	桉树纯林	100	66.06	203.46	74.96
		200	123.37	—	—
		300	222.27	—	—
		400	283.89	—	—
肉桂酸	桉树与马占相思混交林	100	64.09	—	—
		200	144.69	356.28	78.36
		300	213.34	1 187.75	100
		400	272.88	1 654.44	100
	马占相思纯林	100	67.28	—	—
		200	141.47	224.56	55.45
		300	211.33	163.08	31.07
		400	283.51	1 250.98	100
	桉树纯林	100	69.10	—	—
		200	131.15	—	—
		300	199.55	27.91	5.41
		400	280.64	75.89	11.96

3.3 讨论与小结

7 种酚酸在桉树纯林、马占相思纯林和桉树与马占相思混交林 3 种林地土壤中的吸附过程可以分为快速吸附和慢速吸附两个阶段，各酚酸在快速吸附阶段的持续时间不同，且同一酚酸在这 3 种不同林地土壤中的快速吸附阶段的持续时间也不相同。在桉树纯林、马占相思纯林和桉树与马占相思混交林土壤中的快速吸附阶段的持续时间，对羟基苯甲酸分别为 8 h、4 h、4 h，香草酸分别为 8 h、4 h、1 h，阿魏酸分别为 8 h、4 h、1 h，香豆酸分别为 48 h、48 h、48 h，苯甲酸分别为 8 h、4 h、4 h，水杨酸分别为 36 h、4 h、8 h，肉桂酸分别为 14 h、4 h、8 h。可见，桉树与马占相思混交林土壤中酚酸的快速吸附阶段持续时间均不长于桉树纯林，且 7 种酚酸中，香豆酸在 3 种林地土壤中的快速吸附阶段持续时间远大于其余 6 种酚酸。在桉树纯林、马占相思纯林和桉树与马占相思混交林土壤中各酚酸吸附速率基本相当，香豆酸始终最高，而后为肉桂酸、水杨酸和阿魏酸，最后则依次为香草酸、苯甲酸和对羟基苯甲酸。

马占相思纯林中的苯甲酸不能用 Elvoich 方程、Langmuir 动力方程、双常数方程和一级动力学方程进行拟合，而其他 2 种林地中的各酚酸均能全部或部分使用这 4 种方程进行拟合，其中，Elvoich 方程拟合效果最好。通过 Langmuir 动力方程计算所得的 Y_{max} 值可以轻松获得该林地酚酸物质的最大吸附量，且其数值与吸附动力曲线相一致，证明该方程能够对不同林地中的不同酚酸物质的吸附动力学特征进行很好的描述，而 Elvoich 方程的求导，则能够比较不同林地土壤中各酚酸物质吸附速率的快慢，从而比较不同酚酸物质在林地中吸附能力的大小。

不同酚酸在桉树纯林、马占相思纯林和桉树与马占相思混交林土壤中的等温吸附能力均较弱，且随浓度的变化，呈现不同的变化规律。在桉树与马占相思混交林土壤中，各酚酸的等温吸附能力随浓度的增加，均呈现递增的规律，而在桉树纯林中基本呈现递减的规律，在马占相思纯林中则无明显规律。在低浓度条件下，桉树与马占相思混交林土壤中各酚酸的等温吸附能力大多低于 2 块纯林；但在高浓度条件下，桉树与马占相思混交林的等温吸附能力则大多高于 2 块纯林。

在桉树与马占相思混交林中的对羟基苯甲酸、香草酸、阿魏酸、苯甲酸和肉桂酸，在马占相思纯林中的香草酸、苯甲酸和肉桂酸，以及在桉树纯林中的肉桂酸，用 Freundlich 方程进行拟合，效果均较好，相关系数显著。可见，与纯林相比，混交林中多数酚酸的等温吸附特性具有较强的线性关系。上述拟合酚酸中的拟合系数 $1/n$ 均大于 1，其等温吸附曲线大多呈凹形，说明在吸附初期酚酸物质的吸附量较低，而随着土壤胶体表面吸附的分子数量的增加，吸附量也逐渐增加。

不同酚酸在不同林地土壤中的解吸附能力随酚酸浓度的变化而变化，在低浓度条件下，桉树与马占相思混交林土壤中的各酚酸基本未发生解吸附，马占相思纯林土壤中的多数酚酸未发生解吸附或解吸率低，而桉树纯林土壤中的大多数酚酸解吸率较高。随着浓度的增加，7 种酚酸在桉树与马占相思混交林中的解吸率从无到有或相应增加，在浓度高时，其解吸率最大，且远高于 2 块纯林土壤中的解吸率。可见，桉树与马占相思混交能够更好地调节林地土壤中酚酸物质的累积含量。

第4章 桉树与豆科树种混交林土壤中酚酸物质与理化性质的相关性

酚酸是一类带有酚类基团的有机酸，在植物的生命活动过程中，酚酸是一类重要的次生代谢产物，在环境胁迫下，根系释放的酚酸物质可通过还原反应、配位反应和酸化反应来活化根际土壤中的难溶性养分，从而促进养分的吸收和利用（吴凤芝 等，2001）。目前，有关酚酸物质对植物自毒影响方面的研究报道相对较少。

土壤养分含量与酚类物质间存在相互作用关系已得到许多学者的认可（尹淇淋 等，2011）。一方面，化感物质进入土壤后与养分离子发生络合、螯溶等非生物学过程，从而导致土壤有效养分含量的下降，造成某些养分的亏缺（王延平 等，2010）。Simona 等（2009）研究认为，荔梅产生的没食子酸和儿茶酸能抑制土壤中铵态氮向硝态氮转化，从而造成林地土壤硝化障碍。吕卫光等（2006）研究报道，添加外源苯丙烯酸和对羟基苯甲酸后，土壤中的碱解氮、速效磷、速效钾和有机质的含量降低了。另一方面，酚类物质通过影响土壤酶活性，从而抑制或促进土壤酶对养分的活化。陈龙池等（2002a）发现，香草醛和对羟基苯甲酸虽降低了土壤中有效氮和有效钾的含量，但也增加了土壤中有效磷的含量。李春龙（2009）认为，辣椒根际土壤中硝态氮含量随外源香草酸浓度的增加呈增加趋势。此外，土壤养分缺乏会促使植物分泌和释放次生物质。王延平等（2011）研究发现，在土壤缺氮、磷的条件下，杨树根系分泌的对羟基苯甲酸、香草酸、苯甲酸、肉桂酸含量增加，并随胁迫时间延长呈明显上升趋势。而杜静等（2011）则认为，在缺氮或缺钾条件下，西洋参根系分泌的总酚酸含量显著增加，而缺磷时则表现出显著降低。

根际微生物是影响酚酸的一个重要因素，酚酸作用于根系周围产生根际效应，根际微生物在植物根系趋向性聚居并通过代谢活动分解转化成根际分泌物和脱落物，对酚酸起着重要的限制作用（薛成玉 等，2005）。土壤中降解酚类物质的微生物主要为细菌，其次为真菌、酵母菌等，且假单胞菌属、诺卡氏菌属、节细菌属、棒状杆菌属及分枝杆菌属均有降解酚的能力(郑巧英,1993)。土壤根际微生物一般比较稳定,土壤生境的变化势必影响土壤微生物群落的组成、数量和分布。母容等(2011)发现,阿魏酸、对羟基苯甲酸及其混合液抑制了氨化细菌、硝化细菌和反硝化细菌的生长。王延平等(2011)研究指出纤维素分解菌、氨化菌、固氮菌、亚硝酸菌等一些细菌群落在经过低浓度酚酸处理后数量增加,但高浓度酚酸对其有较大程度的抑制作用。谭秀梅认为,杨树林地土壤引入外源酚酸后,对羟基苯甲酸对真菌、放线菌和氨化细菌表现出抑制作用,对纤维素分解菌表现出刺激作用,香草酸对放线菌表现出抑制作用,阿魏酸和肉桂酸对纤维素分解菌表现出抑制作用。马云华等(2005)研究发现,黄瓜根区土壤中放线菌和微生物等的总量,随酚酸物质处理浓度的增加,呈先上升后下降的趋势,酚酸物质浓度为 80 $\mu g \cdot g^{-1}$时,细菌、放线菌数量最多,酚酸物质浓度在 120 $\mu g \cdot g^{-1}$以下时,土壤中真菌数量急剧增加。

酚类物质不仅会影响植物体内的酶活性,也同时对土壤环境中的酶活性产生影响。周礼恺等(1990)认为,土壤中多酚氧化酶的活性随土壤酚类物质含量的减少而减弱,土壤中蛋白酶和磷酸酶则相反。李春龙(2009)认为,随香草酸浓度的增加,反硝化酶活性、纤维素酶活性、蛋白酶活性和多酚氧化酶活性均呈上升趋势,其中香草酸浓度对多酚氧化酶活性的影响最大。吕卫光等也认为,添加外源酚酸提高了土壤中过氧化酶和脲酶的活性,同时加强了土壤的呼吸强度。

桉树(*Eucalyptus* spp.),属桃金娘科桉属,是世界三大速生树种之一,能够在各种土壤中生长,既能适应酸性土,也能适应碱性土,而最适宜桉树生长的土壤为肥沃的冲积土。

桉树具有生长迅速、树干通直、轮伐期短、经济效益好等特点。截至 2006 年,全国桉树人工林面积已突破 200 万公顷,仅次于印度和巴西,位居世界第三(谢君,2011)。全国桉树人工林种植面积最广的地区是广西,据国家林业局桉树研究开发中心统计,2010 年广西的桉树人工林种植面积为 150 多万公顷,位居全国第一。此外,广西还在桉树的发展规模和科学研究等多个领域处于领先地位。

然而,桉树人工林种植的快速发展虽然能够给人们带来很好的经济效益和社会效益,但同时对生态环境的影响也成了人们议论的话题。其中关于桉树人工林连栽引起地力衰退的问题成了近年来讨论的热点。目前对连栽人工林地力的研究多见于杉木人工林，而对桉树人工林连栽地力变化的研究较少。王纪杰等(2011)研究表明，在不同连栽代次桉树人工林中，土壤的渗透性随着种植年限的增加出现下降趋势，同林龄不同土层土壤的渗透性随土层加深而降低。明安刚等(2009)通过研究认为，连栽导致桉树人工林土壤pH值，以及有机质、N、P、K等土壤养分的含量出现了不同程度的下降。这与叶绍明等(2010)有关连栽桉树人工林对土壤理化性质影响研究的结果相一致。随着对人工林地力衰退问题研究的不断深入，人们逐渐认识到人工林连栽地力衰退的原因不单单是土壤养分的亏缺或剩余，而是多方面复杂原因的综合反映。

4.1 材料与方法

4.1.1 试验材料与试验设计

中国林业科学研究院热带林业实验中心(以下简称“热林中心”)是集科学研究、生产经营、产业开发为一体的国家级林业中心试验基地。热林中心地处广西西南部，地跨凭祥、龙州、宁明两县一市，紧靠中越边境，边境线蜿蜒曲折，总长150 km。地理坐标为北纬21°57′47″～22°19′27″，东经106°39′50″～106°59′30″。该地气候属南亚热带季风型半湿润-湿润气候，太阳辐射强烈，热量充足，雨量充沛，年平均气温20.5～21.7 ℃，年平均降雨量1 200～1 500 mm，年平均相对湿度80%～84%。干湿季节较为明显。该中心地处低山丘陵区，最高海拔1 045.9 m。丘陵区所占的比重为72.5%，低山、中山合占27.5%，林地坡度较大，坡度大于26°的林地面积约占林地总面积的50%。地域内土壤主要有紫色土、红壤、砖红壤性红壤、黄壤和石灰土5种土类。大多数土壤深厚、湿润、肥沃，适宜林木生长。

按照立地条件基本一致的原则，选择巨尾桉人工林第一代纯林，第一、二代巨尾桉与马占相思、降香黄檀的混交林，设置标准地，调查林地基本情况及林木生长状况，基本信息如表4-1所示。

表 4-1　调查地基本信息(2009 年)

编号	树种	代数	起源	林龄	胸径/cm	树高/m	海拔/m	坡向	坡位	坡度/(°)
					桉树/混交种	桉树/混交种				
1	巨尾桉	二	萌芽	2	6.4	8.1	220	西北	中	25
2	巨尾桉＋降香黄檀	二	萌芽	2	6.5/3.5	8.9/4.8	230	西	中	20
3	巨尾桉＋马占相思	一	植苗	6	15.4/10.2	19.1/10.6	260	西	中	15

4.1.2　样品采集

2010 年 8 月，在不同桉树连栽林地内分别设置 3 块 2 m×2 m 的样地，在各采集样地内选择 5 株平均木，在距树干 1 m 处，按土壤深度分 0～20 cm 区、20～40 cm 区两个层次采集土壤样品，各土层充分混合后的土壤样品作为各林分的林间土壤样品；在距树干 20 cm 处取 0～20 cm 区深度的土壤样品，充分混合后作为根区土壤样品(为不损伤林木根系，此次试验未取 20～40 cm 区深度的土壤样品)。采集新鲜土壤样品后立即密封于塑料样品袋，带回实验室进行风干、研磨、过筛，于 4 ℃条件下保存，用于测定各项指标。

4.1.3　指标测定方法

1. 土壤物理性质的测定

采用环刀法测定土壤容重、自然含水率、最大持水量、总孔隙度、通气度和排水能力。

2. 土壤酶活性的测定

(1) 脲酶活性

取 5 g 风干土盛于 50 mL 三角瓶中，加入 1 mL 甲苯。15 min 后加入 10 mL浓度为 10%的尿素溶液和 20 mL pH 值为 6.7 的柠檬酸盐缓冲液，摇匀，在 37 ℃恒温箱中培养 24 h。过滤后取 3 mL 滤液注入 50 mL 容量瓶中，加蒸馏水至20 mL。再加入4 mL苯酚钠溶液和3 mL次氯酸钠溶液，摇匀，20 min后显色、定容。1 h内在分光光度计上波长578 nm处比色。以硫酸铵溶于水配制浓度为0.01 mg·mL^{-1}的含氮标准液，绘制标准曲线。脲酶活性以24 h后1 g土壤中含NH_3-N的毫克数表示(丰骁 等,2008)。

(2) 酸性磷酸酶活性

称取5 g风干土壤于50 mL三角瓶中，加0.8 mL甲苯，震荡15 min后加入5 mL磷酸苯二钠溶液(pH值为7)，和5 mL醋酸缓冲液混合后，于37 ℃恒温箱中至少培养2 h，用蒸馏水定容至刻度，摇匀。用5 mL水代替磷酸苯二钠设置对照样本。

取2 mL滤液于50 mL容量瓶中，加20 mL蒸馏水、0.25 mL醋酸缓冲液(pH值为5)，再加入0.5 mL浓度为0.5%的4-氨基安替吡啉和0.5 mL浓度为2.5%的铁氰化钾，震荡均匀，溶液呈粉红色，然后加水定容。待颜色褪到稳定时(需20～30 min)，在分光光度计上于波长570 nm处测定溶液的光密度。根据用酚制备的标准曲线查出供试滤液中酚的含量。磷酸酶活性以每克土壤中的酚毫克数表示(关松荫 等,1986;许光辉 等,1986)。

(3) 多酚氧化酶活性

称取1 g土壤，置入50 mL三角瓶中，然后加入10 mL浓度为1%的邻苯三酚溶液。摇匀，塞好塞子，置于30 ℃恒温箱中，培养1 h。与此同时，进行不加基质的对照测定(用10 mL水代替基质)。培养结束后，取出三角瓶，加入1 mol·L^{-1}的盐酸2.5 mL，摇匀，用乙醚将生成的没食子素抽出。合并抽提液并定容。在分光光度计上波长430 nm处测定颜色深度。根据标准曲线查出没食子素含量。酶的活性单位，以每克土壤中1 h内生成的没食子素的毫克数表示。

4.2 结果与分析

4.2.1 连栽桉树纯林土壤酶活性和酚类物质的相互关系

对桉树纯林土壤pH值、酶活性、酚类物质含量和酚酸总量进行相关性分析，分析结果如表4-2所示。土壤中脲酶和多酚氧化酶的活性与土壤pH值呈显著的正相关，酸性磷酸酶的活性与土壤 pH 值呈不显著的负相关，即在一定范围内，随着土壤 pH 值的降低，土壤中脲酶和多酚氧化酶的活性提高，酸性磷酸酶的活性降低。此外，土壤中酚类物质的含量与 pH 值之间也呈显著关系，其中 pH 值与总酚和复合酚含量呈显著的负相关，与水溶酚含量呈显著的正相关，即土壤 pH 值越低，总酚和复合酚的含量越高，而水溶酚的含量却越低，酚酸总量则与 pH 值呈不显著的负相关。

表 4-2　连栽桉树纯林土壤酶活性和酚类物质的相关性

	pH 值	脲酶	酸性磷酸酶	多酚氧化酶	总酚	水溶酚	复合酚	酚酸总量
pH 值	1.000	—	—	—	—	—	—	—
脲酶	0.703*	1.000	—	—	—	—	—	—
酸性磷酸酶	−0.328	−0.130	1.000	—	—	—	—	—
多酚氧化酶	0.832**	0.338	−0.049	1.000	—	—	—	—
总酚	−0.722*	−0.199	0.118	−0.735*	1.000	—	—	—
水溶酚	0.708*	0.388	−0.027	0.817**	−0.406	1.000	—	—
复合酚	−0.804**	−0.368	0.384	−0.709*	0.887**	−0.319	1.000	—
酚酸总量	−0.531	−0.527	0.471	−0.227	0.491	0.158	0.775*	1.000

注："*"表示 0.05 水平上的显著差异，"* *"表示 0.01 水平上的极显著差异。

土壤中多酚氧化酶的活性与酚类物质的含量之间也存在较显著的关系，其中多酚氧化酶的活性与总酚、复合酚含量呈显著的负相关，即土壤中多酚氧化酶的活性越高，总酚、复合酚的含量越低，多酚氧化酶对土壤中的酚类物质有明显的分解作用。而多酚氧化酶的活性与水溶酚含量则呈极显著的正相关，这可能与植物的自我防御作用有关。脲酶与总酚含量、复合酚含量及酚酸总量呈负相关，与水溶酚含量呈正相关，酸性磷酸酶则相反，但皆未达到显著水平。

3 种不同形态的酚类物质之间，总酚和复合酚含量呈极显著的正相关，而两者与水溶酚含量之间呈不显著的负相关，酚酸总量与 3 种形态的酚类物质含量皆呈正相关，其中与复合酚含量的相关性达到显著水平。

4.2.2　桉树纯林、马占相思纯林及桉树与马占相思混交林土壤酶活性和酚类物质的相互关系

对桉树纯林、马占相思纯林及桉树与马占相思混交林土壤 pH 值、酶活性、酚类物质含量和酚酸总量进行相关性分析，分析结果如表 4-3 所示。土壤中脲酶和多酚氧化酶的活性与土壤 pH 值呈正相关，酸性磷酸酶的活性与土壤 pH 值呈负相关，即在一定范围内，随着土壤 pH 值的降低，土壤中脲酶和多酚氧化酶的活性提高，酸性磷酸酶的活性降低，但皆未达到显著水平。此外，土壤中总酚、复合酚、水溶酚的含量及酚酸总量皆与 pH 值呈负相关，即土壤 pH 值越低，酚类物质与酚酸物质含量越高，其中 pH 值与酚酸总量的相关性达到显著水平。

表 4-3　桉树纯林、马占相思纯林及桉树与马占相思混交林土壤酶活性和酚类物质的相关性

	pH 值	脲酶	酸性磷酸酶	多酚氧化酶	总酚	水溶酚	复合酚	酚酸总量
pH 值	1.000	—	—	—	—	—	—	—
脲酶	0.096	1.000	—	—	—	—	—	—
酸性磷酸酶	−0.128	0.455	1.000	—	—	—	—	—
多酚氧化酶	0.356	0.077	−0.186	1.000	—	—	—	—
总酚	−0.006	−0.012	0.594	0.035	1.000	—	—	—
水溶酚	−0.100	0.567	0.739*	0.284	0.557	1.000	—	—
复合酚	−0.616	0.235	0.626	−0.001	0.545	0.560	1.000	—
酚酸总量	−0.671*	0.050	0.583	−0.020	0.480	0.473	0.950**	1.000

注：“*”表示 0.05 水平上的显著差异，“**”表示 0.01 水平上的极显著差异。

土壤中酸性磷酸酶活性与酚类物质含量、酚酸总量呈正相关，即酸性磷酸酶活性越高，酚类物质含量和酚酸总量也越高，其中酸性磷酸酶活性与水溶酚含量的相关性达到显著水平，酸性磷酸酶促进了水溶酚的生成。而脲酶活性与总酚含量呈负相关，与水溶酚含量、复合酚含量、酚酸总量呈正相关，多酚氧化酶活性与总酚、水溶酚含量呈正相关，与复合酚含量、酚酸总量呈负相关，但皆未达到显著水平。

3 种不同形态的酚类物质含量之间呈不显著的正相关，且与酚酸总量呈正相关，其中酚酸总量与复合酚含量的相关性达到极显著水平。

4.2.3 桉树纯林及桉树与降香黄檀混交林土壤酶活性和酚类物质的相互关系

对桉树纯林及桉树与降香黄檀混交林土壤 pH 值、酶活性、酚类物质含量和酚酸总量进行相关性分析，分析结果如表 4-4 所示。土壤中脲酶、多酚氧化酶活性与土壤 pH 值呈正相关，酸性磷酸酶活性与土壤 pH 值呈负相关，即在一定范围内，随着土壤 pH 值的降低，土壤中脲酶和多酚氧化酶活性降低，酸性磷酸酶活性提高，其中多酚氧化酶活性与土壤 pH 值的相关性达到显著水平。此外，土壤总酚、复合酚含量及酚酸总量皆与土壤 pH 值呈负相关，即土壤 pH 值越低，酚类物质与酚酸物质含量越高，复合酚含量和酚酸总量与土壤 pH 值的相关性达到极显著水平，水溶酚含量与土壤 pH 值呈不显著正相关。

表 4-4 桉树纯林及桉树与降香黄檀混交林土壤酶活性和酚类物质的相关性

	pH 值	脲酶	酸性磷酸酶	多酚氧化酶	总酚	水溶酚	复合酚	酚酸总量
pH 值	1.000	—	—	—	—	—	—	—
脲酶	0.312	1.000	—	—	—	—	—	—
酸性磷酸酶	−0.083	−0.296	1.000	—	—	—	—	—
多酚氧化酶	0.778*	−0.034	0.452	1.000	—	—	—	—
总酚	−0.171	−0.059	0.502	0.218	1.000	—	—	—
水溶酚	0.554	−0.037	0.481	0.841*	0.067	1.000	—	—
复合酚	−0.902**	−0.437	0.236	−0.572	0.334	−0.261	1.000	—
酚酸总量	−0.772**	−0.613	0.306	−0.389	0.103	0.000	0.918**	1.000

注："＊"表示 0.05 水平上的显著差异，"＊＊"表示 0.01 水平上的极显著差异。

土壤总酚、水溶酚含量和复合酚含量与土壤脲酶活性呈负相关，与酸性磷酸酶活性呈正相关，多酚氧化酶活性与总酚含量呈正相关，与复合酚含量呈负相关，但皆未达到显著水平，水溶酚含量与多酚氧化酶活性呈显著正相关。酚酸总量与脲酶、多酚氧化酶活性呈不显著的负相关，与酸性磷酸酶活性呈不显著的正相关。

3 种酚类物质含量之间，总酚与复合酚、水溶酚呈不显著的正相关，水溶酚与复合酚之间呈不显著的负相关。酚酸总量与总酚、复合酚含量呈正相关，且和复合酚含量的相关性达到极显著水平，与水溶酚含量没有表现出相关性。

4.3　讨论与小结

土壤中的脲酶是一种酰胺酶，存在于大多数细菌、真菌和高等植物里，可促进有机物质分子中酶键的水解，其仅能水解尿素，最终产物为氨和碳酸，常被用来表征土壤中的氮素状况。研究报道，脲酶活性过低，会影响尿素的利用率；脲酶活性过高，对土壤肥力及作物的生长也会产生不利影响。林地土壤中脲酶总体表现为林间土高于根区土，上层土高于下层土，变化范围为 0.167～1.455 mg・g^{-1}・h^{-1}。随着桉树纯林栽植年限的增加，土壤中脲酶活性表现出先降低后提高，即 2 年生一、二代桉树纯林土壤中脲酶活性高于 5 年生一代桉树纯林，脲酶活性的升高可能与桉树幼年对土壤氮元素需求的增加有关。马占相思纯林、桉树与马占相思混交林、桉树与降香黄檀混交林相较于同代次桉树纯林，土壤中脲酶活性皆表现出下降趋势，各混交林中桉树根区土中脲酶活性亦比桉树纯林根区土的低。

酸性磷酸酶主要是植物根系与土壤微生物的分泌物，能通过水解磷酸单酯将底物分子上的磷酸基团除去，并生成磷酸根离子和自由的羟基，其作用为活化土壤中的有机磷，以促进土壤中有机磷的释放。林地土壤中酸性磷酸酶活性表现较复杂，各土壤层次间变化规律不明显，变化范围为 18.657～56.710 μg・g^{-1}・h^{-1}。随着桉树纯林栽植年限的增加，土壤中酸性磷酸酶活性并无明显的降低和升高趋势，马占相思纯林、桉树与马占相思混交林、桉树与降香黄檀混交林相较于同代次桉树纯林，土壤中酸性磷酸酶活性整体表现为下降，但混交林中马占相思、降香黄檀根区土中酸性磷酸酶活性提高。

多酚氧化酶参与土壤有机组分中芳香族化合物的转化作用，土壤中的酚类物质在多酚氧化酶的作用下生成醌，醌与氨基酸等通过一系列生物化学过程缩合成胡敏素分子，完成土壤芳香族化合物循环。多酚氧化酶与土壤腐殖质化有密切关系。林地土壤中多酚氧化酶活性总体表现为林间土高于根区土，上层土高于下层土，但马占相思纯林及桉树与马占相思混交林根区土的多酚氧化酶活性较高，变化范围为 0.541～1.540 mg・g^{-1}・h^{-1}。随着桉树纯林栽植年限的增加，土壤中多酚氧化酶活性表现出升高趋势，可能是连栽改变了某些环境诱导因子，桉树需通过提高多酚氧化酶活性来适应环境的改变。Cao 等在对柠条的研究中也发现了类似现象，而刘福德等在对刺槐、杨树、湿地松的研究中却得出相反的结论。马占相思纯林及桉树与马占相思混交林林地土壤中多酚氧化酶活性较同代次桉树纯林有所提高，桉树与降香黄檀混交林林地土壤中多酚氧化酶活性较同代次桉树纯林有所降低，可见桉树与马占相思混交能明显提高土壤中多酚氧化酶活性，加速土壤中酚类物质的分解。

3 种形态的酚类物质和酚酸物质之间也存在相关性，总酚和复合酚含量之间一直保持着正相关，且复合酚含量占总酚的比例较高，水溶酚含量与总酚、复合酚含量有时呈负相关。土壤中的水溶酚含量和复合酚含量呈动态平衡关系，水溶酚溶于水，移动性极大且很不稳定。当土壤中水溶酚含量较高时，水溶酚可被土壤中的腐殖质和矿物胶体吸附，成为复合酚；而当土壤中水溶酚含量降低时，复合酚又从土壤胶体中释放出来，转化为水溶酚。酚酸总量在各林分中与复合酚含量皆呈显著或极显著的正相关，即复合酚含量越高，酚酸总量越高。

第5章 外源酚酸物质对桉树与豆科树种混交林土壤的化感效应

在有限的资源竞争中，植物常通过分泌化学物质来抑制四周其余植物的生长，从而得以生存，并增强防御能力、占据环境优势。对此，Molisch 在 1937 年首先提出植物化感作用(allelopathy)的概念，即所有类型的植物，包括微生物之间，均存在生物化学物质的相互作用，并指出这种相互作用既是有害的，也是有益的(Rice，1984)。到了 20 世纪 70 年代中期，Rice 依据 Molisch 对植物化感作用的定义及他自己近 40 年来对植物化感作用的研究，将植物化感作用重新定义为：植物(含微生物)通过分泌化学物质到周围环境中，从而对邻近植物产生直接或间接的有害影响(Rice，1984)。该定义第一次明确了植物化感作用的核心，即植物作用于四周植物的方式是在体外分泌化学物质。

此后，对植物化感作用的研究有了广泛的拓展。目前研究表明，化感物质进入环境的适宜途径包括雨雾淋溶、挥发、根系分泌、残留物的分解等(李绍文，1989；李绍文，2001)。在森林中可产生化感作用的树种有松属、豆科、桦木科、杨柳科、云杉属、柏科、漆树科、胡桃科、禾本科等(彭少麟 等，2001)。研究认为，化感物质能引起自毒作用，是作物连作障碍发生的原因之一(张重义等，2009)。刘小香等(2004)指出，化感作用在桉树人工林生态系统中是常见的关注点，因为桉树通过该途径与其他植物进行生存竞争。郝建等(2011)在用不同浓度的巨尾桉纯林土壤水浸提液处理菜心、白菜、水稻、萝卜的种子和幼苗时发现，巨尾桉纯林土壤对所选作物有化感作用，化感效应的强度由浸提液浓度及受体植物决定，浓度与化感作用强弱呈正比，不同植物所受的化感效应强度不同。王明祖等(2012)在用桉树叶的 3 种浓度水浸提液处理山毛豆和黑麦草种子时，发现种子的萌发及幼苗的生长均表现出受到抑制作用，不同浓度的浸提液表现出的抑制作用存在差异。

植物分泌产生的化感物质包括简单水溶性有机酸、直链醇、酮和脂肪醛，甾类化合物和类萜,多炔和长链脂肪酸,萘醌、蒽醌和复合醌,简单酚、苯甲酸及其衍生物,单宁,肉桂酸及其衍生物,不饱和内酯,核苷和嘌呤,硫化物和芥子酸,香豆素类,类黄酮,氨基酸,生物碱和氰醇(Rice,1984)。其中,高等植物的主要化感物质为酚类和类萜两类次生物质。较多学者认为,土壤中酚类物质是土壤中毒或地力衰退,从而降低作物和林木生产力的重要原因之一。当前关于土壤中是否存在酚酸的积累有众多研究,特别是随着我国杨树、杉木、桉树、马尾松等人工林连栽地力下降问题变得严重起来,众多学者开始关注森林土壤中酚类物质的化感作用。李天杰(1996)研究认为,酚类物质是林地土壤有毒物质的主要成分。张宪武(1993)通过对杉木连栽土壤的氧化代谢能力的研究,发现三耕土比头耕土的香草醛氧化能力高,认为存在酚类物质的积累。张其水(1992)通过研究多酚氧化酶的活性在杉木连栽土壤中的变化时发现,每年多酚氧化酶活性都会增加,且和土壤中有机质含量呈负相关,有可能是有机质在矿质化过程中,多酚氧化酶未将形成的酚类物质氧化成醌,使得酚类物质在土壤中逐年增加。黄志群等(2000)在研究杉木根桩时发现,杉木根桩在分解过程中分泌的酚类物质在土壤中累积,对下一代杉木的生长发育产生不利影响。杜国坚等(1997)在对杉木造林的研究中发现,杉木盆栽和回表土造林的成活率低、生长较差,主要原因可能是杉木凋落物在土壤表层分解,形成了酚类物质的累积,导致土壤中毒。

而李传涵等(2002)的研究报道与多数研究观点不一样,他们认为森林土壤中累积的酚酸不能使森林土壤中毒。Haider(1975)通过^{14}C标记研究酚酸在土壤中的分解,发现在 7 d 时间内,90%的对羟基苯甲酸、紫丁香酸及香草酸被吸收,表明绝大多数类型的土壤中酚酸几乎可被部分或全部降解,其程度随土壤类型、时期不同而改变。土壤的吸附作用可使得酚酸物质成为土壤环境中的一部分,也可以使其发生生物和化学分解,从而在土壤中的含量越来越少(Yao et al.,2006;Leitao et al.,2007)。张晓云等(2012)指出,微生物能够利用加氧酶的催化作用使芳香环羟基化,从而对苯甲酸类化合物进行好氧降解。马艳丽(2012)在研究中指出,许多植物根系分泌草酸物质的目的并不是抑制周围植物的生长发育,而是帮助植物本身吸收土壤中的各种营养元素。

从以上研究来看,土壤中是否存在酚类物质累积的现象仍众说纷纭,酚类物质累积是否为土壤中毒的原因还证据不足,有待进一步探讨和研究。

5.1　材料与方法

5.1.1　试验材料

在桉树纯林和桉树与降香黄檀混交林的上、中、下坡分别选取 3 株桉树标准木，在距桉树树干基部 0.5 m 处随机选择取样点，向下挖取 30 cm 土层。土壤样品采集后，将同种林分上、中、下坡土壤混合均匀，分为本底值测定土壤和酚酸处理土壤两部分登记编号。取微生物测定用土置于 4 ℃冰箱中保鲜储存，pH 值、养分有效性及酶活性测定用土风干、磨细、过筛、混合、制成分析样品保存。

外源酚酸为对羟基苯甲酸、香草酸、阿魏酸、苯甲酸及水杨酸。

5.1.2　试验设计

该试验利用毛管作用和酚酸扩散作用形成土壤样品的稳定酚酸环境（王延平 等，2013）。将土壤放入底部镂空的玻璃烧杯内，并将烧杯置于培养皿中，在烧杯底部放置玻璃棉以避免土壤流失。取配置好的酚酸标准溶液倒进培养皿，将玻璃烧杯底部充分浸没，在土壤毛管作用下，酚酸溶液可以向上渗透，直到溶液在土壤毛管内填满，即酚酸在土壤中均匀分布。每天更换培养皿中的酚酸溶液，保持酚酸环境稳定。5 种酚酸浓度根据实验室前期测定得出，如表 5-1 所示，分别设置单酚酸及混合酚酸标准溶液，并设置未添加酚酸的清水作为对照。

表 5-1　桉树纯林及桉树与降香黄檀混交林土壤中主要酚酸浓度

林分	对羟基苯甲酸	香草酸	阿魏酸	苯甲酸	水杨酸
桉树纯林酚酸浓度/($\mu g \cdot g^{-1}$)	6.156	14.425	3.379	1.647	0.275
桉树与降香黄檀混交林酚酸浓度/($\mu g \cdot g^{-1}$)	4.969	5.002	1.133	0.507	0.290

① 研究混合酚酸作用下桉树纯林及桉树与降香黄檀混交林土壤之间环

境因子的变化趋势。通过添加混合酚酸,来模拟无生态系统调节下酚酸持续分泌的情形,每隔 10 d 取一次样,共处理 30 d,探索两林分 pH 值、养分有效性、酶活性及微生物数量的变化趋势差异。

② 探索 5 种酚酸化感作用影响程度。比较各单酚酸处理 10 d 的土壤的 4 类环境因子分别与未添加酚酸的清水处理土壤之间的差异性,即模拟比较林木分泌的物质里无化感物质的情形,找出影响最显著的酚酸。

③ 研究各酚酸对环境因子相互关系的影响。通过分析 5 种酚酸处理下环境因子间的相关性,从而阐述不同种类酚酸对土壤环境因子相互联系的影响。

该试验中,养分离子选取 K^+、Ca^{2+}、Mg^{2+}、Fe^{3+}、Mn^{2+}、Zn^{2+}、Cu^{2+} 等矿物离子养分及 NH_4^+-N、NO_3^--N、PO_4^{3-} 等有效态养分;酶选取脲酶、酸性磷酸酶及多酚氧化酶;微生物选取细菌、真菌及放线菌。试验重复的设置为:不同处理条件的土壤各设置 5 个重复样本。

5.1.3 指标测定方法

(1) 土壤 pH 值的测定

桉树林地土壤为酸性土壤,由于交换性 H^+ 和 Al^{3+} 的存在,采用 1 mol・L^{-1} 的氯化钾溶液作为浸提剂,称取过 2 mm 筛孔的风干土壤样品 10 g 加入 25 mL氯化钾溶液中,采用 pH 仪进行测定(鲁如坤,2000;刘光崧,1996)。

(2) 土壤养分有效性的测定

采用阴阳离子交换树脂膜埋置法提取有效养分(刘兆辉 等,2000)。把离子交换树脂膜(用于吸附矿物离子的红色阳离子交换树脂膜和用于吸附 N、P 有效态离子的黑色阴离子交换树脂膜)剪成 3 cm×2 cm 的长方形,浸没在 95%的乙醇中。1 h 后取出,用去离子水冲洗数次后,放入 0.5 mol・L^{-1} 的碳酸氢钠溶液中,为保证阳离子膜表面布满 Na^+,阴离子膜表面布满 HCO_3^-,需更换数次碳酸氢钠溶液。将处理好的饱和树脂膜保存在蒸馏水中待用。酚酸处理 10 d 后,将离子交换树脂膜埋入土壤中 6 h,以提取土壤中的有效养分,取出后用去离子水将树脂膜表面附着的土壤细粒冲掉后放入 35 mL 0.5 mol・L^{-1} 的氯化钾溶液中,25 ℃震荡解吸附 1 h。

采用电感耦合等离子发射光谱(ICP)测定提取液中的矿物养分离子 K^+、Ca^{2+}、Mg^{2+}、Fe^{3+}、Mn^{2+}、Zn^{2+}、Cu^{2+},采用流动注射分析仪(袁斌伟 等,2005)测定 NH_4^+-N、NO_3^--N、PO_4^{3-}。将解吸液中离子含量换算成树脂膜上吸附的养分离子含量，土壤养分有效性以单位时间及单位面积吸附的养分离子量[$\mu g \cdot (6\ cm^2 \cdot 6\ h)^{-1}$]来表示。

(3) 土壤酶活性的测定

脲酶活性的测定：取 5 g 风干土，加入 1 mL 甲苯。15 min 后加入 20 mL pH 值为 6.7 的柠檬酸盐缓冲液和 10 mL 10%的尿素溶液，摇匀后在 37 ℃恒温箱中培养。24 h 后，过滤，取 3 mL 滤液，在滤液中加入蒸馏水到 20 mL，再加 3 mL 次氯酸钠溶液和 4 mL 苯酚钠溶液混合均匀，20 min 后显色、定容至 50 mL。1 h 内在酶标仪上波长为 578 nm 处比色。以硫酸铵溶于水配制含氮 0.01 $mg \cdot mL^{-1}$的标准液，绘制标准曲线。脲酶活性用 1 h 内 1 g 土壤中含 NH_4^+-N 的毫克数来衡量(丰骁 等，2008)。

酸性磷酸酶活性的测定：称取 5 g 风干土壤，加 0.8 mL 甲苯，震荡 15 min 后加入 5 mL 醋酸缓冲液和 5 mL pH 值为 7 的磷酸苯二钠溶液，并用 5 mL 水代替磷酸苯二钠溶液设置对照样品，在 37 ℃恒温箱中培养 12 h 后，用蒸馏水定容至 50 mL。取 2 mL 滤液，在滤液中加入 20 mL 蒸馏水、0.25 mL pH 值为 5 的醋酸缓冲液、0.5 mL 0.5%的铁氰化钾和 0.5 mL 2.5%的 4-氨基安替吡啉，混合均匀后溶液呈粉红色，加水定容至 50 mL。20～30 min 后颜色褪到稳定时，在酶标仪上波长为 570 nm 处比色。采用酚制备标准曲线，查出供试滤液中酚的含量。该酶活性用 1 h 内 1 g 土壤中酚的微克数来衡量(关松荫 等，1986)。

多酚氧化酶活性的测定：称取 1 g 土壤，加入 10 mL 1%邻苯三酚溶液，并用 10 mL 水代替邻苯三酚溶液设置对照样品，摇匀密封后，置于 30 ℃恒温箱中培养 1 h。培养结束后，加入 2.5 mL 1 $mol \cdot L^{-1}$的氯化钾溶液，摇匀后用乙醚将生成的没食子素抽出，混合抽提液并定容。采用酶标仪在波长为 430 nm 处比色。由标准曲线查出没食子素含量。多酚氧化酶的活性用 1 h 内 1 g 土壤中生成的没食子素毫克数衡量(许光辉 等，1986)。

(4) 土壤微生物数量的测定

配制真菌、细菌、放线菌相应的培养基，制成平板(沈萍 等，1999)。细菌采用牛肉膏蛋白胨培养基，配方：牛肉膏 3 g、蛋白胨 5 g、琼脂 18 g、pH 值为 7.0～7.2、水 1 000 mL。放线菌培养基采用高氏 1 号培养基，配方：$FeSO_4 \cdot 7H_2O$ 0.01 g、$MgSO_4 \cdot 7H_2O$ 0.5 g、NaCl 0.5 g、KNO_3 1.0 g、K_2HPO_4 0.5 g、淀粉 20.0 g、琼脂 18 g、水 1 000 mL、3%重铬酸钾溶液 3.3 mL。真菌培养基采用马丁氏培养基，

配方：KH_2PO_4 1.0 g、$MgSO_4 \cdot 7H_2O$ 0.5 g、葡萄糖 10 g、蛋白胨 5 g、琼脂 18 g、水 1 000 mL、1%孟加拉红水溶液 3.3 mL、1%链霉素溶液 3 mL。

准确称取 1 g 土壤（精确到 0.001 g），倒入装有 100 mL 无菌水的容量为 250 mL的三角瓶中，置于往返震荡机上（120 $r \cdot min^{-1}$，常温），震荡 20 min，使土壤充分分散为土壤悬浮液，稀释度为 1∶100。吸取 1 mL 悬浮液加入装有 9 mL 无菌水的试管中，此时稀释度为 1∶1 000，以此类推，制成稀释度为 1∶10 000、1∶100 000 的土壤悬浮液。

在无菌培养皿中倒入 16 mL 选择性培养基，等凝固后，用容量为 0.1 mL 的无菌移液管吸取 0.1 mL 各种稀释度的土壤悬浮液，然后立刻用涂布棒将土壤悬浮液均匀地涂抹在琼脂表面，放置 20～30 min 后，使得菌液完全进入培养基内。将菌液倒放堆叠在 28～30 ℃恒温培养箱中：细菌培养 1～3 d，真菌培养 3～7 d，放线菌培养 7～14 d。计数时，挑选 30～300 个细菌、放线菌菌落，挑选 10～100 个真菌菌落。

5.2 结果与分析

5.2.1 混合酚酸对桉树纯林及桉树与降香黄檀混交林土壤的化感效应

1. 混合酚酸对两林分土壤 pH 值变化趋势作用差异

由图 5-1 可以看出，桉树纯林的土壤 pH 本底值为 4，桉树与降香黄檀混交林的土壤 pH 本底值为 4.28，纯林土壤相较于混交林土壤偏酸性，混交林土壤 pH 值提高了 6.5%。在混合酚酸的持续处理下，纯林及混交林土壤 pH 值均随时间呈降低趋势。酚酸处理 10 d 时，纯林土壤 pH 值下降为 3.78，混交林土壤 pH 值变为 4.02；处理 20 d 后，纯林土壤 pH 值变为 3.53，混交林土壤 pH 值下降为 3.69；处理 30 d 后，纯林土壤 pH 值为 3.2，比本底值下降了 20%，混交林土壤 pH 值为 3.6，比本底值下降了 15.9%。

2. 混合酚酸对两林分土壤养分有效性变化趋势作用差异

由图 5-2 可以看出，混交林土壤中 Fe^{3+}、Cu^{2+}、Zn^{2+}、K^{+}、Ca^{2+}、Mg^{2+}、NO_3^{-}-N、

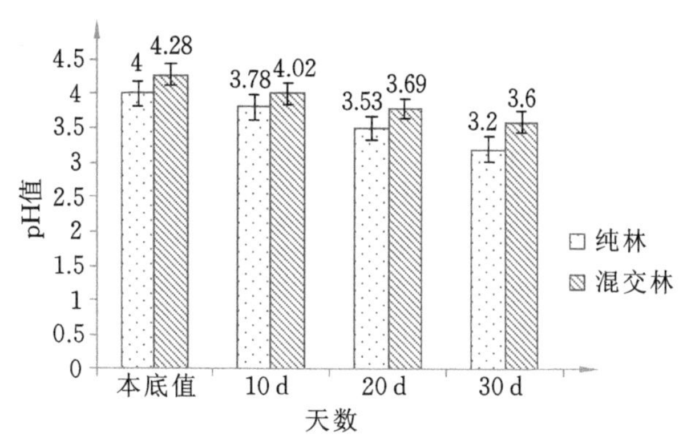

图 5-1　桉树纯林及桉树与降香黄檀混交林土壤 pH 值本底值及变化趋势差异

注：10 d、20 d、30 d 表示用混合酚酸处理土壤的时间，下同。

PO_4^{3-} 的有效性本底值均大于纯林，混交林土壤中这几种养分有效性本底值分别为 44.57 μg·(6 cm²·6 h)⁻¹、2.08 μg·(6 cm²·6 h)⁻¹、8.21 μg·(6 cm²·6 h)⁻¹、158.96 μg·(6 cm²·6 h)⁻¹、1 252.80 μg·(6 cm²·6 h)⁻¹、239.53 μg·(6 cm²·6 h)⁻¹、22.09 μg·(6 cm²·6 h)⁻¹、6.15 μg·(6 cm²·6 h)⁻¹，纯林土壤中这几种养分有效性本底值分别为 32.23 μg·(6 cm²·6 h)⁻¹、0.74 μg·(6 cm²·6 h)⁻¹、5.06 μg·(6 cm²·6 h)⁻¹、81.39 μg·(6 cm²·6 h)⁻¹、1 016.99 μg·(6 cm²·6 h)⁻¹、225.39 μg·(6 cm²·6 h)⁻¹、16.18 μg·(6 cm²·6 h)⁻¹、1.08 μg·(6 cm²·6 h)⁻¹，混交林比纯林分别提高了 38.3%、181%、62.3%、95.3%、23.2%、6.3%、36.5%、469.4%。混交林土壤中 Mn^{2+}、NH_4^+-N 的有效性本底值均小于纯林，混交林土壤中这几种养分有效性本底值分别为 14.62 μg·(6 cm²·6 h)⁻¹、13.45 μg·(6 cm²·6 h)⁻¹，纯林土壤中这几种养分有效性本底值分别为 15.13 μg·(6 cm²·6 h)⁻¹、15.94 μg·(6 cm²·6 h)⁻¹，混交林比纯林分别降低了 3.4%、15.6%。在混合酚酸 30 d 的持续处理下，纯林土壤中 Fe^{3+}、Cu^{2+}、Mn^{2+}、K^+、Ca^{2+}、Mg^{2+}、NO_3^--N、PO_4^{3-} 的有效性均呈下降趋势，30 d 后分别下降了 68.4%、73%、89.2%、78.4%、80.3%、78.4%、86.7%、69.4%；Zn^{2+} 的有效性呈先上升后下降趋势，30 d 后总体提高了 101.6%；NH_4^+-N 的有效性先呈下降趋势，后略微上升，总体是下降了 54.5%。在混合酚酸 30 d 的持续处理下，混交林土壤中 Cu^{2+}、Zn^{2+}、K^+、Ca^{2+}、Mg^{2+}、NO_3^--N、NH_4^+-N、PO_4^{3-} 均呈下降趋势，30 d 后分别下降了 35%、56.2%、83.9%、65.8%、31.9%、76.4%、38.6%、92.8%；Mn^{2+}、Fe^{3+} 呈先上升后下降趋势，总体是上升了，30 d 后分别提高 27.2%、27%。

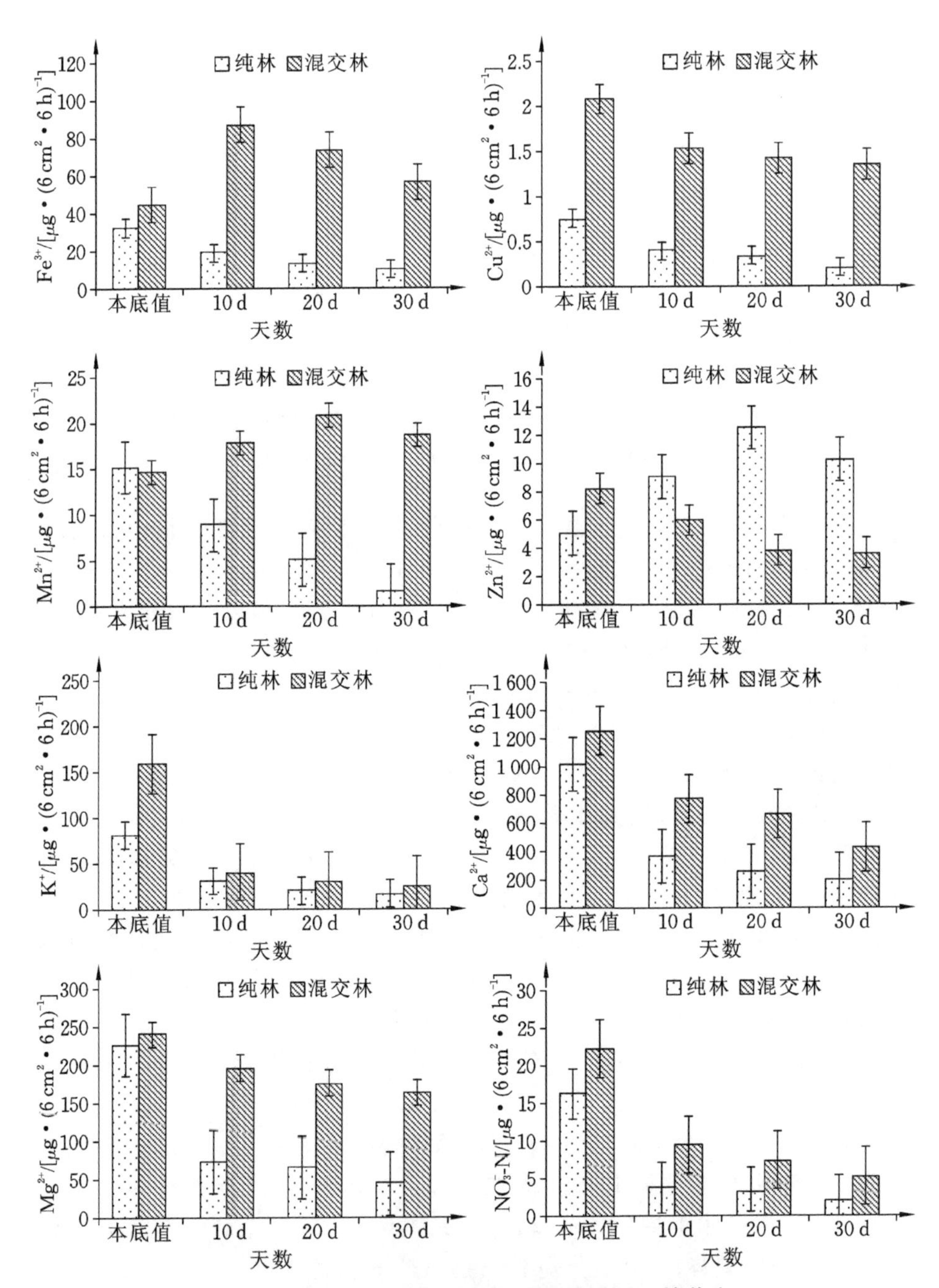

图 5-2　桉树纯林及桉树与降香黄檀混交林土壤养分有效性本底值及变化趋势差异

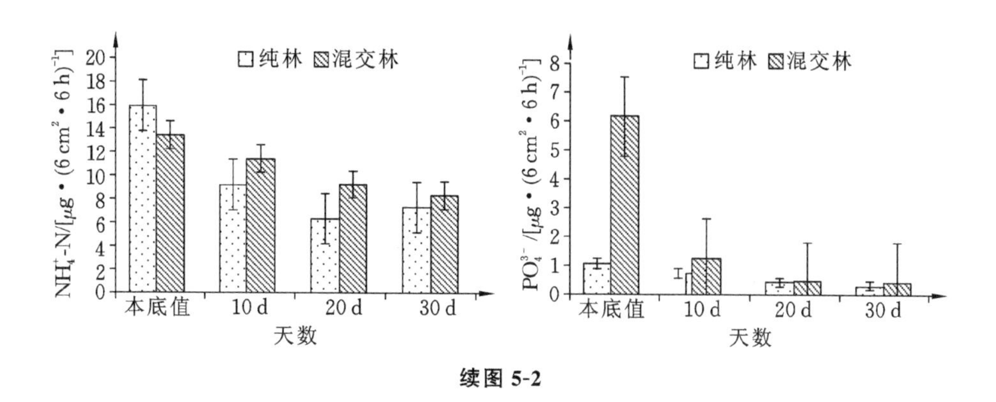

续图 5-2

3. 混合酚酸对两林分土壤酶活性变化趋势作用差异

由图 5-3 可知，在桉树纯林及桉树与降香黄檀混交林土壤中 3 种酶活性本底值分别为：在纯林中脲酶 5.67 mg・g^{-1}、酸性磷酸酶 40.90 μg・g^{-1}、多酚氧化酶 8.77 mg・g^{-1}，在混交林中脲酶 7.08 mg・g^{-1}、酸性磷酸酶 35.25 μg・g^{-1}、多酚氧化酶 6.57 mg・g^{-1}。与纯林相比，混交林土壤中脲酶活性本底值提高了

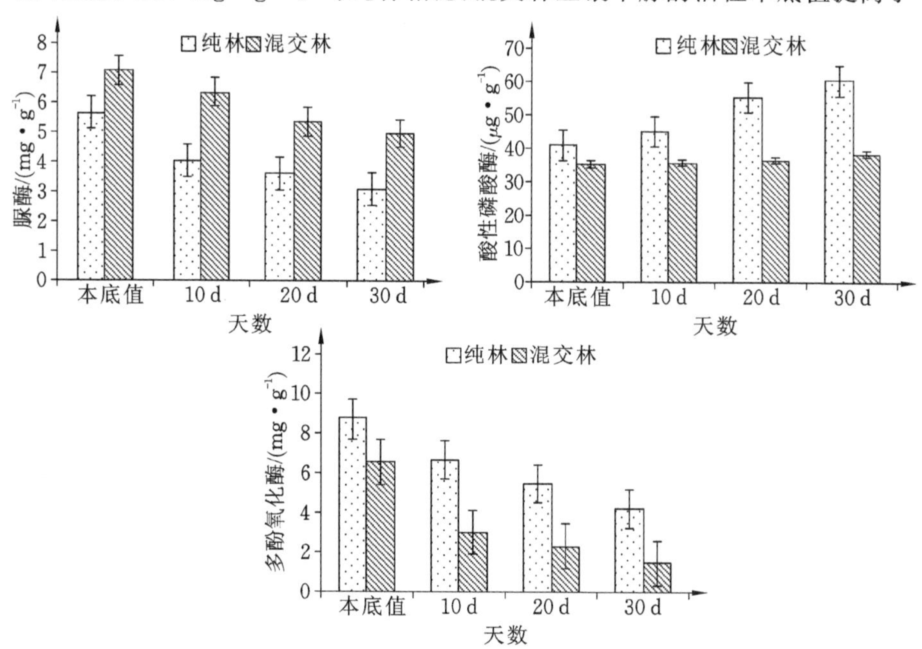

图 5-3　桉树纯林及桉树与降香黄檀混交林土壤酶活性本底值及变化趋势差异

24.9%，酸性磷酸酶活性本底值降低了 13.8%，多酚氧化酶活性本底值降低了 25.1%。在混合酚酸的持续处理下，两林分土壤中脲酶及多酚氧化酶活性呈下降趋势，酸性磷酸酶活性呈上升趋势。处理 30 d 后，纯林土壤中脲酶活性降低了 44.8%，混交林土壤中脲酶活性降低了 29.7%；纯林土壤中酸性磷酸酶活性提高了 46.9%，混交林土壤中酸性磷酸酶活性提高了 9.8%；纯林土壤中多酚氧化酶活性降低了 52.1%，混交林土壤中多酚氧化酶活性降低了 76.3%。

4. 混合酚酸对两林分土壤微生物变化趋势作用差异

由图 5-4 可以看出，两林分土壤中细菌数量最多，真菌数量次之，放线菌数量最少。混交林土壤中细菌、真菌、放线菌数量本底值分别为 45.8×10^6 个 · g^{-1}、9.85×10^4 个 · g^{-1}、0.85×10^4 个 · g^{-1}，纯林土壤中细菌、真菌、放线菌数量本底值分别为 35.3×10^6 个 · g^{-1}、5.41×10^4 个 · g^{-1}、3.52×10^4 个 · g^{-1}。与纯林相比，混交林土壤中细菌数量增加了 29.8%，真菌数量增加了 82.0%，放线菌数量减少了 75.8%。在混合酚酸的持续处理下，两林分土壤中的 3 种微生物数量均大大减少，表明混合酚酸对微生物有强烈的抑制作用。30 d 后，纯林土

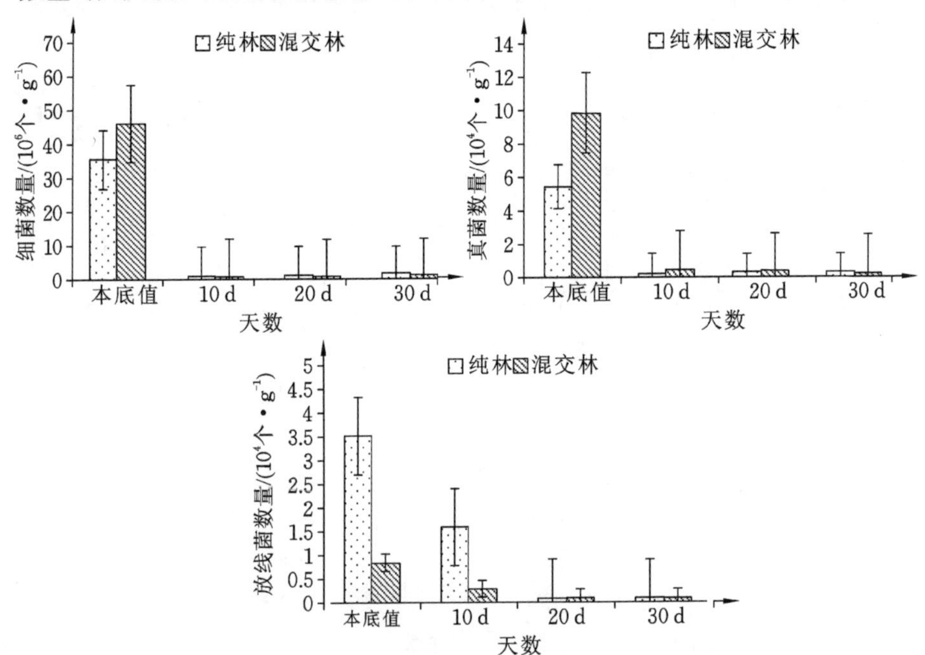

图 5-4　桉树纯林及桉树与降香黄檀混交林土壤微生物数量本底值及变化趋势差异

壤中的细菌数量减少了96.5%，混交林土壤中的细菌数量减少了99.1%；纯林土壤中的真菌数量减少了98.5%，混交林土壤中的真菌数量减少了99.2%；纯林土壤中的放线菌数量减少了97.2%，混交林土壤中的放线菌数量减少了88.9%。

5. 小结

桉树纯林土壤的pH值相较于桉树与降香黄檀混交林土壤偏酸性；在混合酚酸的持续处理下，纯林及混交林土壤pH值均呈下降趋势。

混交林土壤中Fe^{3+}、Cu^{2+}、Zn^{2+}、Ca^{2+}、K^{+}、Mg^{2+}、NO_3^--N及PO_4^{3-}的有效性均大于纯林，Mn^{2+}、NH_4^+-N相反。在混合酚酸的持续处理下，纯林土壤中Fe^{3+}、Cu^{2+}、Ca^{2+}、K^{+}、Mg^{2+}、Mn^{2+}、NO_3^--N、PO_4^{3-}的活性均呈下降趋势，Zn^{2+}的活性呈先上升后下降趋势，NH_4^+-H的活性呈先下降后上升趋势。混交林土壤中Cu^{2+}、Zn^{2+}、Ca^{2+}、K^{+}、Mg^{2+}、NO_3^--N、PO_4^{3-}、NH_4^+-N的活性均呈下降趋势，Mn^{2+}、Fe^{3+}的活性先上升后下降。

混交林土壤中脲酶的活性本底值大于纯林，酸性磷酸酶、多酚氧化酶的活性本底值则相反。在混合酚酸的持续处理下，两林分土壤中脲酶及多酚氧化酶的活性呈下降趋势，酸性磷酸酶的活性呈上升趋势。

两林分土壤内3种微生物中细菌数量最多，真菌数量次之，放线菌数量最少。混交林土壤中细菌、真菌数量大于纯林，放线菌数量则相反。在混合酚酸的持续处理下，两林分土壤中3种微生物的数量均大大减少。

在混合酚酸处理下，混交林中土壤pH值、养分离子有效性及微生物数量降低的比例大多小于纯林。

5.2.2　外源单酚酸对桉树纯林及桉树与降香黄檀混交林土壤的化感效应

1. 外源单酚酸对桉树纯林及桉树与降香黄檀混交林土壤pH值的影响

由表5-2可知，不同种类的外源单酚酸均对桉树纯林土壤pH值产生显著的降低影响，影响幅度：对羟基苯甲酸>阿魏酸>香草酸>水杨酸>苯甲酸。添加对羟基苯甲酸的土壤pH值降低最多，比未添加酚酸的土壤降低了11.1%；添加苯甲酸的土壤pH值降低最少，比未添加酚酸的土壤降低了5.6%。

表 5-2　外源单酚酸对桉树纯林及桉树与降香黄檀混交林土壤 pH 值的影响

林地	外源单酚酸					
	对羟基苯甲酸	苯甲酸	香草酸	水杨酸	阿魏酸	未添加酚酸
桉树纯林	3.83	4.07	3.97	4.01	3.87	4.31
桉树与降香黄檀混交林	4.26	4.35	4.30	4.25	4.25	4.55

外源单酚酸均对桉树与降香黄檀混交林土壤 pH 值产生降低影响，影响幅度表现：水杨酸、阿魏酸＞对羟基苯甲酸＞香草酸＞苯甲酸。添加水杨酸和阿魏酸的土壤 pH 值降低最多，比未添加酚酸的土壤降低了 6.6%；添加苯甲酸的土壤 pH 值降低最少，比未添加酚酸的土壤降低了 4.4%。相比桉树纯林，5 种外源单酚酸对桉树与降香黄檀混交林土壤 pH 值的降低影响差异不大。

2. 外源单酚酸对桉树纯林及桉树与降香黄檀混交林土壤中养分离子有效性的影响

(1) 外源单酚酸对桉树纯林土壤中养分离子有效性的影响

由表 5-3 可知，不同种类的外源酚酸对桉树纯林土壤中养分离子有效性的影响存在差异。

表 5-3　外源单酚酸对桉树纯林土壤中养分有效性的影响

（单位：$\mu g \cdot (6\ cm^2 \cdot 6\ h)^{-1}$）

离子	对羟基苯甲酸	苯甲酸	香草酸	水杨酸	阿魏酸	未添加酚酸
K^+	67.090	71.258	67.910	59.525	72.317	71.466
Ca^{2+}	588.250	684.520	625.530	552.992	680.281	840.213
Mg^{2+}	128.07	142.480	131.820	115.888	141.451	167.980
Fe^{3+}	60.767	33.208	34.705	53.017	35.805	130.762
Cu^{2+}	0.822	0.804	0.669	0.949	0.735	0.832
Mn^{2+}	12.688	8.668	9.251	9.871	4.939	31.035
Zn^{2+}	4.415	5.154	4.452	5.739	5.311	4.657
NO_3^--N	8.678	1.721	3.931	11.333	7.434	30.943
NH_4^+-N	14.212	25.588	25.210	14.745	22.661	23.397
PO_4^{3-}	1.050	1.276	2.771	1.173	1.199	1.294

5种外源酚酸中，仅阿魏酸对土壤中K^+的有效性略微有促进作用，比未添加酚酸的土壤提高了1.2%；其他4种外源酚酸对土壤中K^+的有效性均有抑制作用，其中水杨酸的抑制作用最显著，比未添加酚酸的土壤降低了16.7%。

5种外源酚酸对土壤中Ca^{2+}的有效性均有显著抑制作用，影响幅度：水杨酸＞对羟基苯甲酸＞香草酸＞阿魏酸＞苯甲酸。其中水杨酸对土壤中Ca^{2+}的有效性抑制作用最大，比未添加酚酸的土壤降低了34.2%；苯甲酸对土壤中Ca^{2+}的有效性抑制作用最小，比未添加酚酸的土壤降低了18.5%。

5种外源酚酸对土壤中Mg^{2+}的有效性均有显著抑制作用，影响幅度：水杨酸＞对羟基苯甲酸＞香草酸＞阿魏酸＞苯甲酸。其中水杨酸对土壤中Mg^{2+}的有效性抑制作用最大，比未添加酚酸的土壤降低了31.0%；苯甲酸对土壤中Mg^{2+}的有效性抑制作用最小，比未添加酚酸的土壤降低了15.2%。

5种外源酚酸均对土壤中Fe^{3+}的有效性有着极显著的抑制作用，影响幅度：苯甲酸＞香草酸＞阿魏酸＞水杨酸＞对羟基苯甲酸。其中，苯甲酸对土壤中Fe^{3+}的有效性抑制作用最大，比未添加酚酸的土壤降低了74.6%；对羟基苯甲酸对土壤中Fe^{3+}的有效性抑制作用最小，比未添加酚酸的土壤降低了53.5%。

5种外源酚酸中，仅水杨酸对Cu^{2+}的有效性有显著促进作用，比未添加酚酸的土壤提高了14.1%；其他4种外源酚酸对土壤中Cu^{2+}的有效性均有抑制作用，其中香草酸的抑制作用最显著，比未添加酚酸的土壤降低了19.6%。

5种外源酚酸均对土壤中Mn^{2+}的有效性有极显著抑制作用，影响幅度：阿魏酸＞苯甲酸＞香草酸＞水杨酸＞对羟基苯甲酸。其中，阿魏酸对土壤中Mn^{2+}的有效性抑制作用最大，比未添加酚酸的土壤降低了84.1%；对羟基苯甲酸对土壤中Mn^{2+}的有效性抑制作用最小，比未添加酚酸的土壤降低了59.1%。

5种外源酚酸中，对羟基苯甲酸和香草酸对土壤中Zn^{2+}的有效性略微有抑制作用；苯甲酸、水杨酸、阿魏酸对土壤中Zn^{2+}的有效性有促进作用，其中水杨酸的促进作用更显著，比未添加酚酸的土壤提高了23.2%。

5种外源酚酸对土壤中NO_3^--N的有效性均有显著的抑制作用，影响幅度：苯甲酸＞香草酸＞阿魏酸＞对羟基苯甲酸＞水杨酸。其中苯甲酸对土壤

中 NO_3^--N 的有效性抑制作用最大，比未添加酚酸的土壤降低了 94.4%；水杨酸对土壤中 NO_3^--N 的有效性抑制作用最小，比未添加酚酸的土壤降低了 63.4%。

5 种外源酚酸中，苯甲酸和香草酸对土壤中 NH_4^+-N 的有效性略微有促进作用，其中苯甲酸的促进作用更大，比未添加酚酸的土壤提高了 9.4%；对羟基苯甲酸、水杨酸、阿魏酸对土壤中 NH_4^+-N 的有效性有抑制作用，且对羟基苯甲酸的抑制作用最大，比未添加酚酸的土壤降低了 39.3%。

5 种外源酚酸中，仅香草酸对土壤中 PO_4^{3-} 的有效性有着极显著的促进作用，比未添加酚酸的土壤提高了 114.1%；其他 4 种外源酚酸均对土壤中 PO_4^{3-} 的有效性有一定的抑制作用，其中对羟基苯甲酸的抑制作用最大，比未添加酚酸的土壤降低了 18.9%。

(2) 外源单酚酸对桉树与降香黄檀混交林土壤中养分有效性的影响

由表 5-4 可知，不同种类的外源酚酸对桉树与降香黄檀混交林土壤中养分离子有效性的影响存在差异。

表 5-4　外源单酚酸对桉树与降香黄檀混交林土壤中养分有效性的影响

(单位：$\mu g \cdot (6\ cm^2 \cdot 6\ h)^{-1}$)

离子	对羟基苯甲酸	苯甲酸	香草酸	水杨酸	阿魏酸	未添加酚酸
K^+	67.630	67.714	58.705	56.484	58.221	90.857
Ca^{2+}	553.856	553.769	532.946	512.312	565.129	559.760
Mg^{2+}	96.697	98.987	82.634	86.250	95.839	105.107
Fe^{3+}	106.277	40.335	60.270	63.872	54.089	31.833
Cu^{2+}	0.800	0.833	0.597	0.728	0.779	0.753
Mn^{2+}	15.491	5.906	10.093	11.251	8.631	4.616
Zn^{2+}	10.050	4.739	5.206	4.291	13.449	10.109
NO_3^--N	3.492	7.138	4.834	5.520	5.198	3.763
NH_4^+-N	9.321	6.943	10.400	4.870	7.595	7.458
PO_4^{3-}	1.662	1.484	1.583	1.219	1.144	3.445

5 种外源酚酸均对土壤中 K^+ 的有效性有显著抑制作用，影响幅度：水杨

酸>阿魏酸>香草酸>对羟基苯甲酸>苯甲酸。其中，水杨酸对土壤中 K^+ 的有效性抑制作用最大，比未添加酚酸的土壤降低了37.8%；苯甲酸对土壤中 K^+ 的有效性抑制作用最小，比未添加酚酸的土壤降低了25.5%。

5种外源酚酸中，仅阿魏酸对土壤中 Ca^{2+} 的有效性略有促进作用，其他4种酚酸对土壤中 Ca^{2+} 的有效性略有抑制作用，5种外源酚酸对土壤中 Ca^{2+} 的有效性的影响均不显著。

5种外源酚酸均对土壤中 Mg^{2+} 的有效性有抑制作用，影响幅度：香草酸>水杨酸>阿魏酸>对羟基苯甲酸>苯甲酸。其中，香草酸对土壤中 Mg^{2+} 的有效性抑制作用最大，降低了21.4%；苯甲酸对土壤中 Mg^{2+} 的有效性抑制作用最小，降低了5.8%。

5种外源酚酸均对土壤中 Fe^{3+} 的有效性有一定促进作用，影响幅度：对羟基苯甲酸>水杨酸>香草酸>阿魏酸>苯甲酸。其中，对羟基苯甲酸对土壤中 Fe^{3+} 的有效性促进作用最大，比未添加酚酸的土壤提高了233.9%；对羟基苯甲酸对土壤中 Fe^{3+} 的有效性促进作用最小，比未添加酚酸的土壤提高了26.7%。

5种外源酚酸中，香草酸和水杨酸对土壤中 Cu^{2+} 的有效性有一定抑制作用，其中香草酸的抑制作用更大，比未添加酚酸的土壤降低了20.7%；对羟基苯甲酸、苯甲酸、阿魏酸对土壤中 Cu^{2+} 的有效性有一定促进作用，其中苯甲酸的促进作用最大，比未添加酚酸的土壤提高了10.6%。

5种外源酚酸均对土壤中 Mn^{2+} 的有效性有一定促进作用，影响幅度：对羟基苯甲酸>水杨酸>香草酸>阿魏酸>苯甲酸。其中，对羟基苯甲酸对土壤中 Mn^{2+} 的有效性的促进作用最大，比未添加酚酸的土壤提高了235.6%；苯甲酸对土壤中 Mn^{2+} 的有效性的促进作用最小，比未添加酚酸的土壤提高了27.9%。

5种外源酚酸中，仅阿魏酸对土壤中 Zn^{2+} 的有效性有促进作用，比未添加酚酸的土壤提高了33.0%；其他4种酚酸均对土壤中 Zn^{2+} 的有效性有抑制作用，其中水杨酸的抑制作用最大，比未添加酚酸的土壤降低了57.6%。

5种外源酚酸中，仅对羟基苯甲酸对土壤中 NO_3^--N 的有效性略微有抑制作用，比未添加酚酸的土壤降低了7.2%；其他4种酚酸均对土壤中 NO_3^--N 的有效性有促进作用，其中苯甲酸的促进作用最大，比未添加酚酸的土壤提高了89.7%。

5种外源酚酸中，苯甲酸和水杨酸对土壤中 NH_4^+-N 的有效性有一定抑制作用，其中水杨酸的抑制作用更大，比未添加酚酸的土壤降低了 34.7%；对羟基苯甲酸、香草酸、阿魏酸对土壤中 NH_4^+-N 的有效性有一定促进作用，其中香草酸的促进作用最大，比未添加酚酸的土壤提高了 39.4%。

5 种外源酚酸均对土壤中 PO_4^{3-} 的有效性有抑制作用，影响幅度：阿魏酸＞水杨酸＞苯甲酸＞香草酸＞对羟基苯甲酸。其中，阿魏酸对土壤中 PO_4^{3-} 的有效性抑制作用最大，比未添加酚酸的土壤降低了 66.8%；对羟基苯甲酸对土壤中 PO_4^{3-} 的有效性的抑制作用最小，比未添加酚酸的土壤降低了 51.8%。

根据以上分析，可得出如下结论。

① 外源单酚酸对桉树纯林土壤的处理中，5 种酚酸均对 Ca^{2+}、Mg^{2+}、Fe^{3+}、Mn^{2+}、NO_3^--N 的有效性有抑制作用，其中，5 种酚酸对 Fe^{3+}、Mn^{2+}、NO_3^--N 的有效性的抑制作用都极为显著，均达到 50%以上。阿魏酸对 K^+ 的有效性略微有促进作用，水杨酸对 Cu^{2+} 的有效性有一定促进作用，苯甲酸、水杨酸、阿魏酸对 Zn^{2+} 的有效性有一定促进作用，苯甲酸、香草酸对 NH_4^+-N 的有效性有促进作用，香草酸对 PO_4^{3-} 的有效性有极显著的促进作用。5 种酚酸中，仅对羟基苯甲酸对所有养分离子的有效性均有抑制作用，其对 NO_3^--N 的有效性的抑制作用最大，达 71.9%；苯甲酸对除 Zn^{2+}、NH_4^+-N^- 之外的其他养分离子的有效性均有抑制作用，其对 NO_3^--N 的有效性的抑制作用最大，高达 94.4%；香草酸对除 NH_4^+-N、PO_4^{3-} 之外的其他养分离子的有效性均有抑制作用，其对 NO_3^--N 的有效性的抑制作用最大，达 87.3%；水杨酸对除 Zn^{2+} 之外的其他养分离子的有效性均有抑制作用，其对 Mn^{2+} 的有效性的抑制作用最大，达 68.2%；阿魏酸对除 K^+、Zn^{2+} 之外的其他养分离子的有效性均有抑制作用，其对 Mn^{2+} 的有效性的抑制作用最大，达 84.1%。

② 外源单酚酸对桉树与降香黄檀混交林土壤的处理中，5 种酚酸均对 K^+、Mg^{2+}、PO_4^{3-} 的有效性有抑制作用，其中对 PO_4^{3-} 的有效性的抑制作用最大，均达到 50%以上；5 种酚酸均对 Fe^{3+}、Mn^{2+} 的有效性有促进作用；无酚酸对 Ca^{2+} 和 Cu^{2+} 的有效性有显著的抑制或者促进作用。对羟基苯甲酸对 Mn^{2+} 的有效性有极显著的促进作用，高达 235.6%；苯甲酸对 NO_3^--N 的有效性有极显著的促进作用，高达 89.7%；香草酸对 Mn^{2+} 的有效性有极显著的促进作用，高达 118.7%；水杨酸对 Mn^{2+} 的有效性有极显著的促进作用，高达 143.7%；阿魏酸对 Mn^{2+} 的有效性有极显著的促进作用，高达 87.0%。

3. 外源单酚酸对桉树纯林及桉树与降香黄檀混交林土壤中酶活性的影响

(1) 外源单酚酸对桉树纯林土壤中酶活性的影响

由表 5-5 可知，不同种类的外源酚酸对桉树纯林土壤中酶活性的影响存在差异。

表 5-5　外源单酚酸对桉树纯林土壤中酶活性的影响

酶	对羟基苯甲酸	苯甲酸	香草酸	水杨酸	阿魏酸	未添加酚酸
脲酶/($mg \cdot g^{-1} \cdot h^{-1}$)	6.019	6.049	7.527	7.906	6.917	6.090
酸性磷酸酶/($\mu g \cdot g^{-1} \cdot h^{-1}$)	37.284	41.211	35.818	38.114	39.031	36.651
多酚氧化酶/($mg \cdot g^{-1} \cdot h^{-1}$)	4.570	5.987	5.553	4.693	5.903	3.920

5 种外源酚酸中，水杨酸和香草酸对桉树纯林土壤中脲酶活性有较显著的促进作用，且水杨酸的促进作用更大，比未添加酚酸的土壤提高了 29.8%；对羟基苯甲酸和苯甲酸对桉树纯林土壤中脲酶活性略有抑制作用。

5 种外源酚酸中，仅香草酸对桉树纯林土壤中酸性磷酸酶活性略有抑制作用，其他 4 种酚酸均对桉树纯林土壤中酸性磷酸酶活性有促进作用，影响幅度：苯甲酸＞阿魏酸＞水杨酸＞对羟基苯甲酸。其中苯甲酸对桉树纯林土壤中酸性磷酸酶活性的促进作用最大，比未添加酚酸的土壤提高了 12.4%。

5 种外源酚酸均对桉树纯林土壤中多酚氧化酶活性有促进作用，影响幅度：苯甲酸＞阿魏酸＞香草酸＞水杨酸＞对羟基苯甲酸。其中，苯甲酸的促进作用最大，比未添加酚酸的土壤提高了 52.7%。

(2) 外源单酚酸对桉树与降香黄檀混交林土壤中酶活性的影响

由表 5-6 可知，不同种类的外源酚酸对桉树与降香黄檀混交林土壤中酶活性的影响存在差异。

表 5-6　外源单酚酸对桉树与降香黄檀混交林土壤中酶活性的影响

酶活性	对羟基苯甲酸	苯甲酸	香草酸	水杨酸	阿魏酸	未添加酚酸
脲酶/($mg \cdot g^{-1} \cdot h^{-1}$)	5.187	4.373	4.720	6.529	5.712	7.541
酸性磷酸酶/($\mu g \cdot g^{-1} \cdot h^{-1}$)	35.553	40.080	34.802	45.465	40.808	35.632
多酚氧化酶/($mg \cdot g^{-1} \cdot h^{-1}$)	4.530	4.380	5.610	5.363	5.180	3.950

5 种外源酚酸均对桉树与降香黄檀混交林土壤中脲酶活性有抑制作用，影响幅度：苯甲酸＞香草酸＞对羟基苯甲酸＞阿魏酸＞水杨酸。其中，苯甲酸对桉树与降香黄檀混交林土壤中脲酶活性的抑制作用最大，比未添加酚酸的土壤降低了 42.0％。

5 种外源酚酸中，仅对羟基苯甲酸对桉树与降香黄檀混交林土壤中酸性磷酸酶活性略微有抑制作用，其他 4 种酚酸均对桉树与降香黄檀混交林土壤中酸性磷酸酶活性有促进作用，影响幅度：水杨酸＞阿魏酸＞苯甲酸＞对羟基苯甲酸。其中，水杨酸对桉树与降香黄檀混交林土壤中酸性磷酸酶活性的促进作用最大，比未添加酚酸的土壤提高了 27.6％。

5 种外源酚酸均对桉树与降香黄檀混交林土壤中多酚氧化酶活性有促进作用，影响幅度：香草酸＞水杨酸＞阿魏酸＞对羟基苯甲酸＞苯甲酸。其中，香草酸对桉树与降香黄檀混交林土壤中多酚氧化酶活性的促进作用最大，比未添加酚酸的土壤提高了 42.0％。

根据以上分析，可得出如下结论。

① 外源单酚酸对桉树纯林土壤中 3 种酶活性产生的显著影响均为促进作用。对桉树纯林土壤中脲酶活性影响最显著的酚酸为水杨酸，添加水杨酸的土壤比未添加酚酸的土壤脲酶活性提高了 29.8％；对桉树纯林土壤中酸性磷酸酶活性影响显著的酚酸为苯甲酸，添加苯甲酸的土壤比未添加酚酸的土壤酸性磷酸酶活性提高了 12.4％；对桉树纯林土壤中多酚氧化酶活性影响最显著的酚酸为苯甲酸，添加苯甲酸的土壤比未添加酚酸的土壤多酚氧化酶活性提高了 52.7％。

② 外源单酚酸均对桉树与降香黄檀混交林土壤中脲酶活性有抑制作用，其中苯甲酸的抑制作用最大，比未添加酚酸的土壤降低了 42.0％。外源单酚酸对桉树与降香黄檀混交林土壤中酸性磷酸酶及多酚氧化酶的活性均产生一定的促进作用。对桉树与降香黄檀混交林土壤中酸性磷酸酶活性影响最显著的酚酸为水杨酸，添加水杨酸的土壤比未添加酚酸的土壤酸性磷酸酶活性提高了 27.6％；对桉树与降香黄檀混交林土壤中多酚氧化酶活性影响最显著的酚酸为香草酸，添加香草酸的土壤比未添加酚酸的土壤酸性磷酸酶活性提高了 42.0％。

4. 外源单酚酸对桉树纯林及桉树与降香黄檀混交林土壤中微生物数量的影响

(1) 外源单酚酸对桉树纯林土壤中微生物数量的影响

由表5-7可知,不同种类的外源酚酸对桉树纯林土壤中微生物数量的影响存在差异。

表5-7 外源单酚酸对桉树纯林土壤中微生物数量的影响

微生物	对羟基苯甲酸	苯甲酸	香草酸	水杨酸	阿魏酸	未添加酚酸
细菌(10^6个/g)	13.451	1.780	0.934	9.922	0.711	42.367
真菌(10^4个/g)	2.389	0.858	0.476	0.353	0.220	7.033
放线菌(10^4个/g)	4.021	4.721	4.844	4.229	2.303	3.867

5种外源酚酸均对桉树纯林土壤中细菌数量有极显著的抑制作用,影响幅度:阿魏酸>香草酸>苯甲酸>水杨酸>对羟基苯甲酸。其中,阿魏酸对桉树纯林土壤中细菌数量的抑制作用最大,比未添加酚酸的土壤降低了98.3%;对羟基苯甲酸对桉树纯林土壤中细菌数量的抑制作用最小,比未添加酚酸的土壤降低了68.3%。

5种外源酚酸均对桉树纯林土壤中真菌数量有极显著的抑制作用,影响幅度:阿魏酸>水杨酸>香草酸>苯甲酸>对羟基苯甲酸。其中,阿魏酸对桉树纯林土壤中真菌数量的抑制作用最大,比未添加酚酸的土壤降低了96.9%;对羟基苯甲酸对桉树纯林土壤中真菌数量的抑制作用最小,比未添加酚酸的土壤降低了66%。

5种外源酚酸中,仅阿魏酸对桉树纯林土壤放线菌数量有显著的抑制作用,添加阿魏酸的土壤比未添加酚酸的土壤放线菌的数量降低了40.4%;其他4种酚酸均对桉树纯林土壤中放线菌数量有一定的促进作用,但作用均不是很显著,其中香草酸的促进作用最大,添加香草酸的土壤比未添加酚酸的土壤放线菌的数量增加了25.3%。

(2) 外源单酚酸对桉树与降香黄檀混交林土壤中微生物数量的影响

由表5-8可知,不同种类的外源酚酸对桉树与降香黄檀混交林土壤中微生物数量的影响存在差异。

表 5-8　外源单酚酸对按树与降香黄檀混交林土壤中微生物数量的影响

微生物	对羟基苯甲酸	苯甲酸	香草酸	水杨酸	阿魏酸	未添加酚酸
细菌(10^6个/g)	8.098	0.550	1.113	12.232	4.850	55.000
真菌(10^4个/g)	1.877	2.582	0.570	9.389	6.331	12.800
放线菌(10^4个/g)	3.989	4.082	17.022	3.024	4.584	0.937

5 种外源酚酸均对桉树与降香黄檀混交林土壤中细菌数量有极显著的抑制作用,影响幅度:苯甲酸＞香草酸＞阿魏酸＞对羟基苯甲酸＞水杨酸。其中,苯甲酸对桉树与降香黄檀混交林土壤中细菌数量抑制作用最大,比未添加酚酸的土壤降低了 99%;水杨酸对桉树与降香黄檀混交林土壤中细菌数量抑制作用最小,比未添加酚酸的土壤降低了 77.8%。

5 种外源酚酸均对桉树与降香黄檀混交林土壤中真菌数量有一定的抑制作用,影响幅度:香草酸＞对羟基苯甲酸＞苯甲酸＞阿魏酸＞水杨酸。除水杨酸外,其他 4 种酚酸的抑制作用均很显著。其中,香草酸对桉树与降香黄檀混交林土壤中真菌数量的抑制作用最大,比未添加酚酸的土壤降低了 95.5%;水杨酸对桉树与降香黄檀混交林土壤中真菌数量的抑制作用最小,比未添加酚酸的土壤降低了 26.6%。

5 种外源酚酸均对桉树与降香黄檀混交林土壤中放线菌数量有极显著的促进作用,影响幅度:香草酸＞阿魏酸＞苯甲酸＞对羟基苯甲酸＞水杨酸。其中香草酸对桉树与降香黄檀混交林土壤中放线菌数量的促进作用最大,比未添加酚酸的土壤提高了约 17 倍。

根据以上分析,可得出如下结论。

① 5 种外源酚酸均对桉树纯林土壤中细菌和真菌数量产生了极显著的抑制作用,其中,阿魏酸对桉树纯林土壤中细菌和真菌数量的抑制作用均最大,对羟基苯甲酸对桉树纯林土壤中细菌和真菌数量的抑制作用均最小。5 种外源酚酸对桉树纯林土壤中放线菌数量的影响情况,阿魏酸有一定的抑制作用,对羟基苯甲酸、水杨酸、苯甲酸及香草酸均有一定的促进作用,但作用均不显著。

② 5 种外源酚酸均对桉树与降香黄檀混交林土壤中细菌和真菌数量产生了显著的抑制作用,其中对细菌数量抑制作用最大的是苯甲酸,对真菌数量抑制作用最大的是香草酸。5 种外源酚酸均对桉树与降香黄檀混交林土壤中

放线菌数量有极显著的促进作用，其中对放线菌数量影响最大的是香草酸，其让土壤中放线菌数量提高了约 17 倍。

5.2.3　外源单酚酸对桉树纯林土壤环境因子相关性的影响

1. 对羟基苯甲酸对桉树纯林土壤环境因子相关性的影响

由表 5-9 可知，经对羟基苯甲酸处理之后，土壤 pH 值与 Fe^{3+}、PO_4^{3-} 有效性存在极显著的正相关，相关系数分别为 0.837、0.682；与 Mn^{2+}、Zn^{2+} 有效性存在显著的正相关；与 Mg^{2+} 有效性存在极显著的负相关，相关系数为 −0.769；与酸性磷酸酶活性存在显著的负相关。

K^+ 有效性与 Ca^{2+}、Cu^{2+}、Zn^{2+} 有效性存在极显著的正相关，相关系数分别为 0.754、0.727、0.748；与脲酶活性存在显著的正相关；与真菌数量存在极显著的负相关，相关系数为 −0.666。Ca^{2+} 有效性与 K^+、Mg^{2+} 有效性存在极显著的正相关，相关系数分别为 0.754、0.672，与 NO_3^--N 有效性，脲酶活性，酸性磷酸酶活性呈显著的正相关；与真菌数量存在极显著的负相关，相关系数为 −0.766。Mg^{2+} 有效性与 Ca^{2+}、NO_3^--N 有效性，脲酶活性，酸性磷酸酶活性呈极显著的正相关，相关系数分别为 0.672、0.638、0.594、0.621；与 pH 值、PO_4^{3-} 有效性存在极显著的负相关，相关系数分别为 −0.769、−0.685。Fe^{3+} 有效性与 pH 值、Mn^{2+} 有效性存在极显著的正相关，相关系数分别为 0.837、0.765；与 Zn^{2+} 有效性存在显著的正相关；与真菌数量呈极显著的负相关，相关系数为 −0.648。Cu^{2+} 有效性与 K^+、Zn^{2+} 有效性呈极显著的正相关，相关系数分别为 0.727、0.746；与 NH_4^+-N 有效性、酸性磷酸酶活性呈显著的负相关。Mn^{2+} 有效性与 Fe^{3+} 有效性存在极显著的正相关，相关性系数为 0.765；与 pH 值存在显著的正相关；与脲酶活性存在显著的负相关。Zn^{2+} 与 K^+、Cu^{2+} 有效性存在极显著的正相关，相关系数分别为 0.748、0.746，与 pH 值、Fe^{3+} 有效性、PO_4^{3-} 有效性存在显著的正相关。NO_3^--N 有效性与 Mg^{2+} 有效性、脲酶活性、细菌数量、放线菌数量呈极显著的正相关，相关系数分别为 0.638、0.602、0.798、0.611；与 Ca^{2+} 有效性存在显著的正相关；与 PO_4^{3-} 有效性呈显著的负相关。NH_4^+-N 有效性与多酚氧化酶活性呈显著的正相关，与 Cu^{2+} 有效性呈显著的负相关。PO_4^{3-} 有效性与 pH 值呈极显著的正相关，相关系数为 0.682；与 Zn^{2+} 有效性呈显著的正相关；与 Mg^{2+} 有效性呈极显著的负相关，相关系数为 −0.685；与 NO_3^--N 有效性呈显著的负相关。

表 5-9　对羟基苯甲酸对桉树纯林土壤环境因子相关性的影响

	pH 值	K^+	Ca^{2+}	Mg^{2+}	Fe^{3+}	Cu^{2+}	Mn^{2+}	Zn^{2+}	NO_3^--N	NH_4^+-N	PO_4^{3-}	脲酶	酸性磷酸酶	多酚氧化酶	细菌	真菌	放线菌
pH 值	1	—	—	—	—	—	—	—	—	—	—	—	—	—	—	—	—
K^+	0.122	1	—	—	—	—	—	—	—	—	—	—	—	—	—	—	—
Ca^{2+}	−0.147	0.754**	1	—	—	—	—	—	—	—	—	—	—	—	—	—	—
Mg^{2+}	−0.769**	0.287	0.672**	1	—	—	—	—	—	—	—	—	—	—	—	—	—
Fe^{3+}	0.837**	0.375	0.228	−0.460	1	—	—	—	—	—	—	—	—	—	—	—	—
Cu^{2+}	0.126	0.727**	0.211	−0.043	0.321	1	—	—	—	—	—	—	—	—	—	—	—
Mn^{2+}	0.569*	−0.146	0.035	−0.305	0.765**	−0.107	1	—	—	—	—	—	—	—	—	—	—
Zn^{2+}	0.562*	0.748**	0.209	−0.361	0.560*	0.746**	−0.083	1	—	—	—	—	—	—	—	—	—
NO_3^--N	−0.450	0.367	0.481*	0.638**	−0.235	0.240	−0.119	−0.199	1	—	—	—	—	—	—	—	—
NH_4^+-N	−0.099	−0.365	0.064	0.067	−0.063	−0.543*	0.173	−0.454	−0.225	1	—	—	—	—	—	—	—
PO_4^{3-}	0.682**	0.058	−0.313	−0.685**	0.429	0.121	0.078	0.550*	−0.490*	−0.197	1	—	—	—	—	—	—
脲酶	−0.414	0.576*	0.562*	0.594**	−0.277	0.324	−0.488*	0.158	0.602**	−0.028	−0.201	1	—	—	—	—	—
酸性磷酸酶	−0.484*	−0.045	0.473*	0.621**	−0.416	−0.583*	−0.294	−0.411	0.018	0.420	−0.394	0.205	1	—	—	—	—
多酚氧化酶	−0.040	−0.195	0.185	0.107	0.001	−0.422	0.190	−0.344	−0.111	0.546*	−0.314	−0.185	0.439	1	—	—	—
细菌	−0.236	0.136	0.110	0.237	−0.185	0.184	−0.061	−0.167	0.798**	−0.227	−0.249	0.396	−0.298	−0.310	1	—	—
真菌	−0.292	−0.666**	−0.766**	−0.225	−0.648**	−0.261	−0.407	−0.416	−0.105	0.140	0.002	−0.043	−0.192	−0.203	0.181	1	—
放线菌	0.016	0.099	0.455	0.339	0.170	−0.220	0.397	−0.301	0.611**	0.174	−0.268	0.200	0.124	0.092	0.627**	−0.252	1

注：①“**”表示在 0.01 水平（双侧）上显著相关，下同；

②“*”表示在 0.05 水平（双侧）上显著相关，下同。

脲酶活性与 Mg^{2+}、NO_3^--N 有效性呈极显著的正相关，相关系数分别为 0.594、0.602；与 K^+、Ca^{2+} 有效性呈显著正相关；与 Mn^{2+} 有效性呈显著的负相关。酸性磷酸酶活性与 Mg^{2+} 有效性呈极显著的正相关，相关系数为 0.621；与 Ca^{2+} 有效性呈显著的正相关；与 pH 值、Cu^{2+} 有效性呈显著的负相关。多酚氧化酶活性与 NH_4^+-N 有效性呈显著的正相关。

细菌数量与 NO_3^--N 有效性、放线菌数量呈极显著的正相关，相关系数分别为 0.798、0.627。真菌数量与 K^+、Ca^{2+}、Fe^{3+} 有效性呈极显著的负相关，相关系数分别为 −0.666、−0.766、−0.648。放线菌数量与 NO_3^--N 有效性、细菌数量呈极显著的正相关，相关系数分别为 0.611、0.627。

2. 香草酸对桉树纯林土壤环境因子相关性的影响

由表 5-10 可知，经香草酸处理之后，土壤 pH 值与 Zn^{2+} 有效性存在极显著的正相关，相关系数为 0.635；与 Mg^{2+} 有效性、脲酶活性呈极显著的负相关，相关系数分别为 −0.766、−0.692；与 K^+、Ca^{2+} 有效性呈显著的负相关。

K^+ 有效性与 Mg^{2+}、Cu^{2+} 有效性呈极显著的正相关，相关系数分别为 0.840、0.786；与 Ca^{2+} 有效性、脲酶活性呈显著的正相关；与 Zn^{2+} 有效性、真菌数量、放线菌数量呈极显著的负相关，相关系数分别为 −0.641、−0.603、−0.721；与 pH 值、NO_3^--N 有效性、细菌数量呈显著的负相关。Ca^{2+} 有效性与 Mg^{2+} 有效性、脲酶活性呈极显著的正相关，相关系数分别为 0.710、0.962；与 K^+ 有效性呈显著的正相关；与 Zn^{2+} 有效性、NO_3^--N 有效性、真菌数量呈极显著的负相关，相关系数分别为 −0.872、−0.767、−0.619；与 pH 值呈显著的负相关。Mg^{2+} 有效性与 K^+ 有效性、Ca^{2+} 有效性、Cu^{2+} 有效性、脲酶活性呈极显著的正相关，相关系数分别为 0.840、0.710、0.639、0.720；与 NH_4^+-N 有效性呈显著的正相关；与 pH 值、Zn^{2+} 有效性、放线菌数量呈极显著的负相关，相关系数分别为 −0.766、−0.897、−0.608；与 NO_3^--N 呈显著的负相关。Fe^{3+} 有效性与 pH 值、Zn^{2+} 有效性呈显著的正相关，与酸性磷酸酶活性呈显著的负相关。Cu^{2+} 有效性与 K^+、Mg^{2+}、NH_4^+-N 有效性呈极显著的正相关，相关系数分别为 0.786、0.639、0.656；与 NO_3^--N 有效性、放线菌数量呈极显著的负相关，相关系数分别为 −0.622、−0.721；与 Zn^{2+} 呈显著的负相关。Mn^{2+} 有效性与真菌数量呈显著的负相关。NO_3^--N 有效性与 Zn^{2+} 有效性呈极显著的正相关，相关系数为 0.756；与真菌数量呈显著的正相关；与 Ca^{2+} 有效性、Cu^{2+} 有效性、脲酶活性呈极显著的负相关，相关系数分别为 −0.767、−0.622、−0.615；

表 5-10　香草酸对桉树纯林土壤环境因子相关性的影响

	pH 值	K^+	Ca^{2+}	Mg^{2+}	Fe^{3+}	Cu^{2+}	Mn^{2+}	Zn^{2+}	NO_3^--N	NH_4^+-N	PO_4^{3-}	脲酶	酸性磷酸酶	多酚氧化酶	细菌	真菌	放线菌
pH 值	1	—	—	—	—	—	—	—	—	—	—	—	—	—	—	—	—
K^+	−0.526*	1	—	—	—	—	—	—	—	—	—	—	—	—	—	—	—
Ca^{2+}	−0.537*	0.534*	1	—	—	—	—	—	—	—	—	—	—	—	—	—	—
Mg^{2+}	−0.766**	0.840**	0.710**	1	—	—	—	—	—	—	—	—	—	—	—	—	—
Fe^{3+}	0.579*	0.034	−0.233	−0.468	1	—	—	—	—	—	—	—	—	—	—	—	—
Cu^{2+}	−0.141	0.786**	0.312	0.639**	0.037	1	—	—	—	—	—	—	—	—	—	—	—
Mn^{2+}	−0.098	0.379	0.116	0.096	0.416	−0.052	1	—	—	—	—	—	—	—	—	—	—
Zn^{2+}	0.635**	−0.641**	−0.872**	−0.897**	0.507*	−0.557*	0.086	1	—	—	—	—	—	—	—	—	—
NO_3^--N	0.258	−0.534*	−0.767**	−0.581*	0.023	−0.622**	0.294	0.756**	1	—	—	—	—	—	—	—	—
NH_4^+-N	−0.266	0.436	−0.139	0.520*	−0.429	0.656**	−0.312	−0.307	−0.115	1	—	—	—	—	—	—	—
PO_4^{3-}	−0.182	0.070	−0.001	0.108	−0.154	−0.079	0.165	−0.019	0.132	0.136	1	—	—	—	—	—	—
脲酶	−0.692**	0.512*	0.962*	0.720**	−0.317	0.184	0.211	−0.832**	−0.615**	−0.162	0.087	1	—	—	—	—	—
酸性磷酸酶	−0.255	−0.085	−0.136	0.091	−0.506*	−0.200	−0.035	−0.062	0.346	0.112	−0.192	−0.052	1	—	—	—	—
多酚氧化酶	−0.138	−0.262	−0.086	−0.148	−0.179	−0.358	−0.086	0.161	0.219	−0.123	0.333	0.060	−0.147	1	—	—	—
细菌	−0.083	−0.475*	0.012	−0.286	−0.189	−0.413	−0.267	0.090	0.048	−0.392	−0.240	0.074	0.054	0.095	1	—	—
真菌	0.305	−0.603**	−0.619**	−0.395	−0.427	−0.271	−0.557*	0.367	0.469*	0.308	−0.133	−0.622**	0.413	0.118	0.184	1	—
放线菌	0.437	−0.721**	−0.062	−0.608**	0.148	−0.721**	0.038	0.326	0.296	−0.769**	−0.219	−0.070	0.079	−0.041	0.460	0.145	1

与 K^+、Mg^{2+} 有效性呈显著的负相关。NH_4^+-N 有效性与 Cu^{2+} 有效性呈极显著的正相关，相关系数为 0.656；与 Mg^{2+} 有效性呈显著的正相关；与放线菌数量呈极显著的负相关，相关系数为－0.769。PO_4^{3-} 与其他环境因子无显著的相关性。

脲酶活性与 Ca^{2+}、Mg^{2+} 有效性呈极显著的正相关，相关系数分别为 0.962、0.720；与 K^+ 有效性呈显著的正相关；与 pH 值、Zn^{2+}、NO_3^--N、真菌数量呈极显著的负相关，相关系数分别为－0.692、－0.832、－0.615、－0.622。酸性磷酸酶与 Fe^{3+} 有效性呈显著的负相关。多酚氧化酶与其他环境因子无显著的相关性。

细菌数量与 K^+ 有效性呈显著的负相关。真菌数量与 NO_3^--N 有效性呈显著的正相关；与 K^+ 有效性、Ca^{2+} 有效性、脲酶活性呈极显著的负相关，相关系数分别为－0.603、－0.619、－0.622；与 Mn^{2+} 有效性呈显著的负相关。放线菌数量与 K^+、Mg^{2+}、Cu^{2+}、NH_4^+-N 有效性呈极显著的负相关，相关系数分别为－0.721、－0.608、－0.721、－0.769。

3. 阿魏酸对桉树纯林土壤环境因子相关性的影响

由表 5-11 可知，经阿魏酸处理之后，土壤 pH 值与真菌数量呈极显著的正相关，相关系数为 0.635；与酸性磷酸酶活性呈显著的正相关；与 K^+、Ca^{2+}、Mg^{2+}、NH_4^+-N 有效性呈极显著的负相关，相关系数分别为－0.634、－0.738、－0.792、－0.842。

K^+ 有效性与 Ca^{2+}、Mg^{2+}、NH_4^+-N 有效性存在极显著的正相关，相关系数分别为 0.779、0.858、0.630；与 pH 值、真菌数量、放线菌数量呈极显著的负相关，相关系数分别为－0.634、－0.923、－0.762。Ca^{2+} 有效性与 K^+、Mg^{2+}、NH_4^+-N 有效性呈极显著的正相关，相关系数分别为 0.779、0.850、0.596；与 pH 值、真菌数量、放线菌数量呈极显著的负相关，相关系数分别为－0.738、－0.794、－0.658；与脲酶活性呈显著的负相关。Mg^{2+} 有效性与 K^+、Ca^{2+}、NH_4^+-N 有效性呈极显著的正相关，相关系数分别为 0.858、0.850、0.719；与 pH 值、真菌数量呈极显著的负相关，相关系数分别为－0.792、－0.837；与放线菌数量呈显著的负相关。Fe^{3+} 有效性与 Mn^{2+}、Zn^{2+} 有效性呈极显著的正相关，相关系数分别为 0.990、0.874；与脲酶活性呈极显著的负相关，相关系数为－0.737。Cu^{2+} 有效性与细菌数量呈显著的正相关；与脲酶活性呈极显著的负相关，相关系数为－0.607；与 NO_3^--N 有效性、放线菌数量呈显著的负相关。

表 5-11　阿魏酸对桉树纯林土壤环境因子相关性的影响

	pH值	K^+	Ca^{2+}	Mg^{2+}	Fe^{3+}	Cu^{2+}	Mn^{2+}	Zn^{2+}	NO_3^--N	NH_4^+-N	PO_4^{3-}	脲酶	酸性磷酸酶	多酚氧化酶	细菌	真菌	放线菌
pH值	1	—	—	—	—	—	—	—	—	—	—	—	—	—	—	—	—
K^+	−0.634**	1	—	—	—	—	—	—	—	—	—	—	—	—	—	—	—
Ca^{2+}	−0.738**	0.779**	1	—	—	—	—	—	—	—	—	—	—	—	—	—	—
Mg^{2+}	−0.792**	0.858**	0.850**	1	—	—	—	—	—	—	—	—	—	—	—	—	—
Fe^{3+}	0.297	−0.149	0.109	−0.215	1	—	—	—	—	—	—	—	—	—	—	—	—
Cu^{2+}	0.454	0.256	−0.004	−0.063	0.341	1	—	—	—	—	—	—	—	—	—	—	—
Mn^{2+}	0.309	−0.173	0.044	−0.246	0.990**	0.325	1	—	—	—	—	—	—	—	—	—	—
Zn^{2+}	0.155	−0.273	0.083	−0.247	0.874**	0.171	0.861**	1	—	—	—	—	—	—	—	—	—
NO_3^--N	−0.524*	0.098	0.118	0.191	0.042	−0.498*	0.109	0.252	1	—	—	—	—	—	—	—	—
NH_4^+-N	−0.842**	0.630**	0.596**	0.719**	−0.338	−0.330	−0.331	−0.144	0.695**	1	—	—	—	—	—	—	—
PO_4^{3-}	−0.239	−0.106	0.153	0.114	−0.059	−0.467	−0.091	0.015	0.336	0.336	1	—	—	—	—	—	—
脲酶	−0.150	−0.241	−0.471*	−0.142	−0.737**	−0.607**	−0.670**	−0.608**	0.373	0.230	0.168	1	—	—	—	—	—
酸性磷酸酶	0.477*	−0.284	−0.367	−0.351	−0.406	0.308	−0.449	−0.422	−0.825**	−0.571*	−0.318	0.062	1	—	—	—	—
多酚氧化酶	−0.132	−0.174	−0.248	−0.203	−0.237	−0.426	−0.175	−0.156	0.559*	0.297	0.362	0.604**	−0.202	1	—	—	—
细菌	0.361	0.081	0.005	−0.039	0.211	0.481*	0.180	−0.148	−0.588*	−0.481*	−0.173	−0.326	0.326	−0.205	1	—	—
真菌	0.635**	−0.923**	−0.794**	−0.837**	0.085	−0.144	0.112	0.262	−0.084	−0.543*	0.046	0.231	0.290	0.170	−0.095	1	—
放线菌	0.295	−0.762**	−0.658**	−0.576*	−0.443	−0.560*	−0.420	−0.255	−0.023	−0.291	0.220	0.667**	0.371	0.288	−0.222	0.716**	1

Mn^{2+}有效性与Fe^{3+}、Zn^{2+}有效性呈极显著的正相关，相关系数分别为0.990、0.861；与脲酶活性呈极显著的负相关，相关系数为−0.670。Zn^{2+}有效性与Fe^{3+}、Mn^{2+}有效性呈极显著的正相关，相关系数分别为0.874、0.861；与脲酶活性呈极显著的负相关，相关系数为−0.608。NO_3^--N有效性与NH_4^+-N有效性呈极显著的正相关，相关系数为0.695；与酸性磷酸酶活性呈极显著的负相关，相关系数为−0.825；与pH值、Cu^{2+}有效性、细菌数量呈显著负相关。NH_4^+-N有效性与K^+、Ca^{2+}、Mg^{2+}、NO_3^--N有效性呈极显著的正相关，相关系数分别为0.630、0.596、0.719、0.695；与pH值呈极显著的负相关，相关系数为−0.842；与酸性磷酸酶活性、细菌数量、真菌数量呈显著负相关。PO_4^{3-}有效性和其他环境因子无显著相关性。

脲酶活性与多酚氧化酶活性、放线菌数量呈极显著的正相关，相关系数分别为0.604、0.667；与Fe^{3+}、Cu^{2+}、Mn^{2+}、Zn^{2+}有效性呈极显著的负相关，相关系数分别为−0.737、−0.607、−0.670、−0.608；与Ca^{2+}呈显著的负相关。酸性磷酸酶活性与pH值呈显著的正相关；与NO_3^--N有效性呈极显著的负相关，相关系数为−0.825；与NH_4^+-N有效性呈显著的负相关。多酚氧化酶活性与脲酶活性呈极显著的正相关，相关系数为0.604；与NO_3^--N呈显著的正相关。

细菌数量与Cu^{2+}有效性呈显著的正相关；与NO_3^--N、NH_4^+-N有效性呈显著的负相关。真菌数量与pH值、放线菌数量呈极显著的正相关，相关系数分别为0.635、0.716；与K^+、Ca^{2+}、Mg^{2+}有效性呈极显著的负相关，相关系数分别为−0.923、−0.794、−0.837；与NH_4^+-N有效性呈显著的负相关。放线菌数量与脲酶活性、真菌数量呈极显著的正相关，相关系数分别为0.667、0.716；与K^+、Ca^{2+}有效性呈极显著的负相关，相关系数分别为−0.762、−0.658；与Mg^{2+}、Cu^{2+}有效性呈显著的负相关。

4. 苯甲酸对桉树纯林土壤环境因子相关性的影响

由表5-12可知，经苯甲酸处理之后，土壤pH值与NO_3^--N有效性呈极显著的正相关，相关系数为0.644；与Fe^{3+}、Cu^{2+}有效性呈显著的正相关；与NH_4^+-N有效性、脲酶活性呈极显著的负相关，相关系数分别为−0.812、−0.852；与Mg^{2+}有效性呈显著的负相关。

表 5-12 苯甲酸对桉树纯林土壤环境因子相关性的影响

	pH 值	K^+	Ca^{2+}	Mg^{2+}	Fe^{3+}	Cu^{2+}	Mn^{2+}	Zn^{2+}	NO_3^--N	NH_4^+-N	PO_4^{3-}	脲酶	酸性磷酸酶	多酚氧化酶	细菌	真菌	放线菌
pH 值	1	—	—	—	—	—	—	—	—	—	—	—	—	—	—	—	—
K^+	0.147	1	—	—	—	—	—	—	—	—	—	—	—	—	—	—	—
Ca^{2+}	−0.352	0.531*	1	—	—	—	—	—	—	—	—	—	—	—	—	—	—
Mg^{2+}	−0.516*	0.652**	0.854**	1	—	—	—	—	—	—	—	—	—	—	—	—	—
Fe^{3+}	0.520*	−0.013	−0.689**	−0.531*	1	—	—	—	—	—	—	—	—	—	—	—	—
Cu^{2+}	0.534*	0.619**	0.096	0.052	0.032	1	—	—	—	—	—	—	—	—	—	—	—
Mn^{2+}	−0.315	−0.528*	−0.242	−0.076	0.276	−0.719**	1	—	—	—	—	—	—	—	—	—	—
Zn^{2+}	−0.301	0.427	0.041	0.493*	0.313	−0.131	0.405	1	—	—	—	—	—	—	—	—	—
NO_3^--N	0.644**	−0.177	−0.154	−0.583*	0.129	0.287	−0.430	−0.839**	1	—	—	—	—	—	—	—	—
NH_4^+-N	−0.812**	−0.290	0.373	0.466	−0.451	−0.666**	0.653**	0.337	−0.656**	1	—	—	—	—	—	—	—
PO_4^{3-}	0.453	−0.367	−0.134	−0.449	0.295	−0.122	0.300	−0.438	0.603**	−0.141	1	—	—	—	—	—	—
脲酶	−0.852**	−0.089	0.061	0.423	−0.114	−0.531*	0.539*	0.669**	−0.868**	0.756**	−0.468*	1	—	—	—	—	—
酸性磷酸酶	−0.383	−0.135	−0.284	0.066	0.423	−0.392	0.659**	0.625**	−0.580*	0.390	−0.114	0.677**	1	—	—	—	—
多酚氧化酶	−0.260	−0.018	−0.137	0.118	0.397	−0.391	0.574*	0.630**	−0.574*	0.403	−0.053	0.590**	0.723**	1	—	—	—
细菌	−0.001	0.449	0.418	0.506*	−0.230	0.149	−0.017	0.437	−0.404	0.210	−0.242	0.057	−0.305	0.006	1	—	—
真菌	0.034	−0.475*	−0.767**	−0.584*	0.171	−0.002	0.010	−0.063	−0.118	−0.155	−0.338	0.135	0.134	0.050	−0.241	1	—
放线菌	−0.376	−0.682**	−0.632**	−0.375	0.161	−0.499*	0.601**	0.215	−0.446	0.407	−0.183	0.591**	0.524*	0.376	−0.256	0.749**	1

K^+有效性与Mg^{2+}、Cu^{2+}有效性呈极显著的正相关，相关系数分别为0.652、0.619；与Ca^{2+}有效性呈显著的正相关；与放线菌数量呈极显著的负相关，相关系数为-0.682；与Mn^{2+}有效性、真菌数量呈显著的负相关。Ca^{2+}有效性与Mg^{2+}有效性呈极显著的正相关，相关系数为0.854；与K^+有效性呈显著的正相关；与Fe^{3+}有效性、真菌数量、放线菌数量呈极显著的负相关，相关系数分别为-0.689、-0.767、-0.632。Mg^{2+}有效性与K^+、Ca^{2+}有效性呈极显著的正相关，相关系数分别为0.652、0.854；与Zn^{2+}有效性、细菌数量呈显著的正相关；与pH值、Fe^{3+}有效性、NO_3^--N有效性、真菌数量呈显著的负相关。Fe^{3+}有效性与pH值呈显著的正相关；与Ca^{2+}有效性呈极显著的负相关，相关系数为-0.689；与Mg^{2+}有效性呈显著的负相关。Cu^{2+}有效性与K^+有效性呈极显著的正相关，相关系数为0.619；与pH值呈显著的正相关；与Mn^{2+}、NH_4^+-N有效性呈极显著的负相关，相关系数为-0.719、-0.666；与脲酶活性、放线菌数量呈显著的负相关。Mn^{2+}有效性与NH_4^+-N有效性、酸性磷酸酶活性、放线菌数量呈极显著的正相关，相关系数分别为0.653、0.659、0.601；与脲酶、多酚氧化酶活性呈显著的正相关；与Cu^{2+}有效性呈极显著的负相关，相关系数为-0.719；与K^+有效性呈显著的负相关。Zn^{2+}有效性与脲酶、酸性磷酸酶、多酚氧化酶活性呈极显著的正相关，相关系数分别为0.669、0.625、0.630；与Mg^{2+}呈显著的正相关；与NO_3^--N有效性呈极显著的负相关，相关系数为-0.839。NO_3^--N有效性与pH值、PO_4^{3-}有效性呈极显著的正相关，相关系数分别为0.644、0.603；与Zn^{2+}有效性、NH_4^+-N有效性、脲酶活性呈极显著的负相关，相关系数分别为-0.839、-0.656、-0.868；与Mg^{2+}有效性、酸性磷酸酶活性、多酚氧化酶活性呈显著的负相关。NH_4^+-N有效性与Mn^{2+}有效性、脲酶活性呈极显著的正相关，相关系数分别为0.653、0.756；与pH值、Cu^{2+}有效性、NO_3^--N有效性呈极显著的负相关，相关系数分别为-0.812、-0.666、-0.656。PO_4^{3-}有效性与NO_3^--N有效性呈极显著的正相关，相关系数为0.603；与脲酶活性呈显著的负相关。

脲酶活性与Zn^{2+}有效性、NH_4^+-N有效性、酸性磷酸酶活性、多酚氧化酶活性、放线菌数量呈极显著的正相关，相关系数分别为0.669、0.756、0.677、0.590、0.591；与Mn^{2+}有效性呈显著的正相关；与pH值、NO_3^--N有效性呈极显著的负相关，相关系数分别为-0.852、-0.868；与Cu^{2+}、PO_4^{3-}呈显著的负相关。酸性磷酸酶活性与Mn^{2+}有效性、Zn^{2+}有效性、脲酶活性、多酚氧化酶活性呈极显著的正相关，相关系数分别为0.659、0.625、0.677、0.723；与放线菌数量呈显著的正相关；与 NO_3^--N 有效性呈显著的负相关。多酚氧化酶活性与 Zn^{2+} 有效性、脲酶活性、酸性磷酸酶活性呈极显著的正相关，相关系数分别为0.630、0.590、0.723；与 Mn^{2+} 有效性呈显著的正相关；与 NO_3^--N 有效性呈显著的负相关。

细菌数量与 Mg^{2+} 有效性呈显著的正相关。真菌数量与放线菌数量呈极显著的正相关，相关系数为 0.749；与 Ca^{2+} 有效性呈极显著的负相关，相关系数为－0.767；与 K^+、Mg^{2+} 有效性呈显著的负相关。放线菌数量与 Mn^{2+} 有效性、脲酶活性、真菌数量呈极显著的正相关，相关系数分别为 0.601、0.591、0.749；与酸性磷酸酶活性呈显著的正相关；与 K^+、Ca^{2+} 有效性呈极显著的负相关，相关系数分别为－0.682、－0.632；与 Cu^{2+} 有效性呈显著的负相关。

5. 水杨酸对桉树纯林土壤环境因子相关性的影响

由表 5-13 可知，经水杨酸处理之后，土壤 pH 值与真菌数量呈显著正相关；与 Mg^{2+}、Cu^{2+}、Zn^{2+}、NO_3^--N 有效性呈极显著的负相关，相关系数分别为－0.629、－0.861、－0.716、－0.858。

K^+ 有效性与放线菌数量呈极显著的负相关，相关系数为－0.608。Ca^{2+} 有效性与 Mg^{2+}、Zn^{2+} 有效性呈极显著的正相关，相关系数分别为 0.661、0.620。Mg^{2+} 有效性与 Ca^{2+}、Zn^{2+} 有效性呈极显著的正相关，相关系数分别为 0.661、0.872；与 NH_4^+-N 有效性、脲酶活性呈显著的正相关；与 pH 值呈极显著的负相关，相关系数为－0.629；与真菌数量呈显著的负相关。Fe^{3+} 有效性与 Mn^{2+} 有效性呈极显著的正相关，相关系数为 0.940；与 PO_4^{3-} 有效性呈显著的正相关；与 Cu^{2+}、Zn^{2+} 有效性呈显著的负相关。Cu^{2+} 有效性与 NO_3^--N 有效性呈极显著的正相关，相关系数为 0.908；与 Zn^{2+} 有效性、放线菌数量呈显著的正相关；与 pH 值呈极显著的负相关，相关系数为－0.861；与 Fe^{3+} 有效性呈显著的负相关。Mn^{2+} 有效性与 Fe^{3+} 有效性呈极显著的正相关，相关系数为 0.940；与细菌数量呈显著的正相关。Zn^{2+} 有效性与 Ca^{2+}、Mg^{2+} 有效性呈极显著的正相关，相关系数分别为 0.620、0.872；与 Cu^{2+} 有效性、脲酶活性呈显著的正相关；与 pH 值呈极显著的负相关，相关系数为－0.716；与 Fe^{3+} 呈显著的负相关。NO_3^--N 有效性与 Cu^{2+} 有效性呈极显著的正相关，相关系数为 0.908；与放线菌数量呈显著的正相关；与 pH 值呈极显著的负相关，相关系数为－0.858。NH_4^+-N 有效性与脲酶活性呈极显著的正相关，相关系数为 0.732；与 Mg^{2+} 有效性呈显著的正相关；与真菌数量呈极显著的负相关，相关

表 5-13　水杨酸对桉树纯林土壤环境因子相关性的影响

	pH 值	K^+	Ca^{2+}	Mg^{2+}	Fe^{3+}	Cu^{2+}	Mn^{2+}	Zn^{2+}	NO_3^--N	NH_4^+-N	PO_4^{3-}	脲酶	酸性磷酸酶	多酚氧化酶	细菌	真菌	放线菌
pH 值	1	—	—	—	—	—	—	—	—	—	—	—	—	—	—	—	—
K^+	0.033	1	—	—	—	—	—	—	—	—	—	—	—	—	—	—	—
Ca^{2+}	−0.311	−0.08	1	—	—	—	—	—	—	—	—	—	—	—	—	—	—
Mg^{2+}	−0.629**	0.185	0.661**	1	—	—	—	—	—	—	—	—	—	—	—	—	—
Fe^{3+}	0.336	−0.083	0.179	−0.162	1	—	—	—	—	—	—	—	—	—	—	—	—
Cu^{2+}	−0.861**	0.096	−0.104	0.420	−0.508*	1	—	—	—	—	—	—	—	—	—	—	—
Mn^{2+}	0.098	−0.187	0.104	−0.181	0.940**	−0.264	1	—	—	—	—	—	—	—	—	—	—
Zn^{2+}	−0.716**	0.070	0.620**	0.872**	−0.481*	0.510*	−0.460	1	—	—	—	—	—	—	—	—	—
NO_3^--N	−0.858**	0.091	−0.117	0.289	−0.304	0.908**	−0.015	0.351	1	—	—	—	—	—	—	—	—
NH_4^+-N	−0.298	0.187	0.047	0.502*	0.061	0.413	0.039	0.373	0.276	1	—	—	—	—	—	—	—
PO_4^{3-}	0.190	0.259	0.148	−0.182	0.512*	−0.355	0.425	−0.202	−0.186	0.001	1	—	—	—	—	—	—
脲酶	−0.325	0.167	0.320	0.574*	0.033	0.263	−0.008	0.512*	0.196	0.732**	0.171	1	—	—	—	—	—
酸性磷酸酶	0.001	−0.191	0.415	−0.141	0.339	−0.269	0.379	−0.127	−0.098	−0.510*	0.176	−0.181	1	—	—	—	—
多酚氧化酶	−0.123	−0.386	−0.222	−0.320	−0.099	0.253	0.068	−0.268	0.303	−0.141	−0.190	−0.232	0.065	1	—	—	—
细菌	−0.403	−0.071	0.297	−0.015	0.289	0.095	0.469*	0.019	0.364	−0.455	0.379	−0.209	0.479*	0.154	1	—	—
真菌	0.508*	0.468	−0.333	−0.502*	−0.276	−0.385	−0.395	−0.373	−0.369	−0.620**	0.198	−0.509*	0.023	−0.074	−0.003	1	—
放线菌	−0.409	−0.608**	−0.339	−0.045	−0.347	0.568*	−0.117	0.065	0.530*	0.225	−0.577*	0.014	−0.241	0.582*	−0.162	−0.514*	1

系数为－0.620；与酸性磷酸酶活性呈显著的负相关。PO_4^{3-}有效性与Fe^{3+}有效性呈显著的正相关，与放线菌数量呈显著的负相关。

脲酶活性与NH_4^+-N有效性呈极显著的正相关，相关系数为0.732；与Mg^{2+}、Zn^{2+}有效性呈显著的正相关；与真菌数量呈显著的负相关。酸性磷酸酶活性与细菌数量呈显著的正相关，与NH_4^+-N有效性呈显著的负相关。多酚氧化酶与放线菌数量呈显著的正相关。

细菌数量与Mn^{2+}有效性、酸性磷酸酶活性呈显著的正相关。真菌数量与pH值呈显著的正相关；与NH_4^+-N有效性呈极显著的负相关，相关系数为－0.620；与Mg^{2+}有效性、脲酶活性、放线菌数量呈显著的负相关。放线菌数量与Cu^{2+}有效性、NO_3^--N有效性、多酚氧化酶活性呈显著的正相关；与K^+有效性呈极显著负相关，相关系数为－0.608；与PO_4^{3-}有效性、真菌数量呈显著的负相关。

5.3 讨论与小结

5.3.1 讨论

1. 混合酚酸对桉树纯林及巨尾桉与降香黄檀混交林土壤化感作用讨论

在自然界的土壤中，森林生态系统时刻对土壤环境因子进行调节，如凋零物对土壤地力的改善等(胡亚林 等，2005)。本试验通过人工添加酚酸，模拟无外界干扰下酚酸的持续分泌，研究酚酸作用下土壤环境因子的变化趋势。桉树分泌酚酸研究中的土壤主要分为林间土和根系土，林间土中的酚酸主要由桉树叶雨水淋溶等途径进入林间土壤表层(孔垂华 等，1998)。针对实际种植中对林间植物的影响问题，本试验主要研究林间土壤中酚酸的化感效应，故选取表土层作为试验土壤。由该层土壤主要酚酸浓度，我们可知桉树与降香黄檀混交林土壤中的各酚酸含量，除水杨酸外，均比桉树纯林低。混交林中对羟基苯甲酸含量比纯林低19.28%，香草酸含量比纯林低65.32%，阿魏酸含量比纯林低 66.47%，苯甲酸含量比纯林低 69.22%，水杨酸含量比纯林高 5.45%，两林分的酚酸浓度差异很大，酚酸对环境因子产生促进作用或抑制作用存在浓度的阈值(林开敏 等，2010)，故对相应土壤产生的化感作用也不相同。

桉树纯林土壤 pH 值相较于桉树与降香黄檀混交林土壤 pH 值偏酸性，表明桉树与降香黄檀混交之后，降低了土壤的酸度；在经混合酚酸持续处理之后，纯林及混交林土壤 pH 值均呈下降趋势，且纯林土壤 pH 值下降的程度要高于混交林，表明桉树分泌的酚酸物质浓度是影响土壤酸化的重要原因，而降香黄檀能缓解土壤酸化的程度。

混交林土壤中多数养分离子的有效性大于纯林，可能是因为混种豆科植物使土壤环境具备较高的生物多样性，能有效维持土壤养分和土地生产力(杨曾奖 等，2006)，表明巨尾桉搭配降香黄檀做伴生树种存在合理性。在混合酚酸的持续处理下，两种林分绝大部分养分离子的有效性呈下降趋势，表明酚酸对养分离子的有效性有抑制作用。土壤养分对植物生长有显著的调节作用，但只有有效态的养分才能被植物吸收和利用。酚酸能通过化感作用改变土壤中某些养分的形态，从而影响其有效性。化感物质进入土壤后与养分离子发生络合、螯溶等非生物学过程，从而导致土壤有效养分含量的下降，造成某些养分的亏缺(王延平，2010)。混交林土壤中绝大部分养分离子有效性下降的程度要低于纯林，可能是因为桉树与降香黄檀混交林土壤中的酚酸物质浓度较桉树纯林小，而目前的研究表明，高浓度的酚酸能抑制土壤养分有效性，且随着浓度的增加，抑制程度逐渐加大，低浓度的酚酸则有一定的促进作用。

混交林土壤中脲酶活性本底值大于桉树纯林，酸性磷酸酶、多酚氧化酶活性本底值则相反。在经混合酚酸持续处理之后，两林分脲酶及多酚氧化酶活性呈下降趋势，酸性磷酸酶活性呈上升趋势。这与周礼恺等(1990)的研究正好相反，他们的研究表明，土壤中多酚氧化酶活性随土壤酚酸物质含量的减少而减弱，酸性磷酸酶活性则随之增强，是因为他们研究的土壤中酚酸物质的浓度与本试验中酚酸物质的浓度存在差异，不同浓度范围的酚酸决定酶活性是随酚酸浓度减少而增强或是减弱。酚酸物质进入土壤后，引起微生物区系及其活力的改变，导致土壤微生物胞内、胞外酶比例失调或酶构象发生改变，进而影响酶的活性。

混交林土壤中细菌、真菌数量大于纯林，放线菌数量则相反，土壤中细菌的数量代表了生物多样性的状况(赵利坤 等,2013),表明混交林中的生物多样性较纯林高。在经混合酚酸的持续处理之后,两种林分中的3种微生物数量均大大减少,表明混合酚酸对微生物有强烈的抑制作用。酚酸能被微生物利用而产生自毒现象,改变土壤中微生物数量(Blum,1998)。马云华等(2005)在对黄瓜连作土壤中酚酸物质化感作用的研究中发现,低浓度的酚酸对土壤细菌、放线菌数量存在促进作用,而高浓度酚酸则相反。可能是因为本试验设置的酚酸浓度过高,抑制了微生物的生长,而缺少自然界生态系统的调节使得土壤中的微生物在30 d中几乎全部死去的可能性不大,因为采用未添加酚酸的清水处理时,微生物的数量很多。

2. 外源单酚酸对桉树与降香黄檀混交林土壤的化感作用讨论

土壤中存在多种酚酸,不同种类、不同浓度的酚酸对土壤环境因子的影响也有差异。本试验通过比较分别加入5种酚酸与未添加酚酸的清水所产生的影响的差异性大小,模拟比较林木分泌的物质里存在和不存在各种化感物质的情形,来探索不同种类、不同浓度的酚酸对土壤环境因子的不同影响。在外源单酚酸对桉树与降香黄檀混交林土壤的影响中,香草酸对Cu^{2+}、Mg^{2+}有效性有着较显著的抑制作用;阿魏酸能较显著地降低K^{+}、PO_4^{3-}的有效性;水杨酸对K^{+}、Mg^{2+}、PO_4^{3-}有效性有着较显著的抑制作用;对羟基苯甲酸对Fe^{3+}、Mn^{2+}有效性有较显著的促进作用;苯甲酸能较显著地提高NO_3^{-}-N的有效性;对酸性磷酸酶活性影响最显著的酚酸为水杨酸,它把酸性磷酸酶活性提高了27.6%;对多酚氧化酶活性影响最显著的酚酸为香草酸,它把多酚氧化酶活性提高了42.0%;苯甲酸对脲酶活性抑制作用最大,它把脲酶活性降低了42.0%;对细菌数量影响最显著的酚酸为苯甲酸,它使细菌数量降低了99.0%;仅香草酸对放线菌数量有显著的促进作用,它使放线菌数量提高了1 716.7%。

针对以上研究发现,笔者认为有以下几点原因:第一,林分土壤中除了酚酸外,还有其他化感物质,添加不同种类的酚酸可能改变了酚酸与其他化感物质间的协同效应(崔磊 等,2006),使得添加5种酚酸产生的化感作用各不相同。第二,林分土壤中酚酸浓度存在差异,即添加的外源单酚酸浓度是不一样的,而土壤中酚酸的浓度决定了其对环境因子是起促进作用还是抑制作用,也决定了其影响力度的大小(Balke,1985),而每种酚酸发挥相同作用的浓度范围是不一样的，发挥作用的临界浓度常常极低，且作用对象不同，其临界浓度也不相同(Einhellig et al.,1992)。第三，不同种类的酚酸对环境因子影响的机制不同，化感物质的分子结构决定了化感物质的物质属性，进而影响其作用的性质和强度，苯环上甲氧基、羧基的数量及位置不同，会导致化感物质在抑制强度上的差异，即使是同一类化感物质，由于其官能团的位置不同，其作用强度也完全不同(Romagni et al.,2000)。

3. 不同种类酚酸对土壤环境因子之间相互关系影响讨论

在大自然中，环境因子是相互作用而存在的，它们之间存在着显著的相关性。在受到化感物质作用时，环境因子之间联系的机理会发生改变，而不同种类的酚酸其官能团的位置不同，对环境因子间的相关性也会产生不同影响。本试验通过对同种酚酸处理下的土壤环境因子进行相关性分析，研究各酚酸对环境因子相互关系的不同效应。

研究发现，经不同酚酸处理之后，环境因子之间的相互关系发生改变。添加对羟基苯甲酸的土壤中，养分离子有效性、脲酶活性、酸性磷酸酶活性、细菌数量、放线菌数量之间大多呈正相关，真菌数量与多数环境因子呈负相关。即经对羟基苯甲酸处理之后，除个别环境因子外，其他大多数环境因子之间总体上是呈正相关的。

添加香草酸的土壤，Ca^{2+}有效性、Mg^{2+}有效性、K^{+}有效性、Cu^{2+}有效性、脲酶活性之间大多呈正相关，多数与Zn^{2+}有效性、NO_3^--N有效性、细菌数量、真菌数量、放线菌数量呈负相关。即经香草酸处理之后，微生物数量总体上和养分离子之间呈负相关，与Zn^{2+}、NO_3^--N有效性之间呈负相关。

添加阿魏酸的土壤，K^{+}、Ca^{2+}、Mg^{2+}、NO_3^--N、NH_4^+-N有效性之间大多存在显著或极显著的正相关，与土壤pH值、真菌数量、放线菌数量、酸性磷酸酶活性存在显著或极显著的负相关。即经阿魏酸处理之后，多数养分离子有效性之间总体上呈正相关，与土壤pH值、真菌数量、放线菌数量、酸性磷酸酶活性呈显著或极显著的负相关。

添加苯甲酸的土壤，K^{+}有效性、Mg^{2+}有效性、Cu^{2+}有效性、Ca^{2+}有效性、细菌数量之间存在显著或极显著的正相关，Zn^{2+}有效性、脲酶活性、酸性磷酸酶活性、多酚氧化酶活性、真菌数量之间存在显著或极显著的正相关。即经苯甲酸处理之后，多数养分离子之间及养分离子与细菌数量之间呈正相关，

Zn^{2+}有效性、真菌数量、酶活性之间总体上呈正相关。

添加水杨酸的土壤，Ca^{2+}、Mg^{2+}、Zn^{2+}有效性之间存在极显著的正相关。土壤pH值、真菌数量之间呈显著的正相关，土壤pH值与Mg^{2+}、Cu^{2+}、Zn^{2+}、NO_3^--N有效性呈极显著的负相关。

环境因子之间互相影响、互相作用。土壤pH是由土壤中游离的H^+和OH^-浓度比例决定的，其影响着土壤养分的形成、转化和有效性；微生物不仅可以转化养分，其本身还是养分的供源与贮库。土壤中的酶直接参与了桉树林地土壤营养元素的有效化过程，在一定程度上反映了土壤养分转化的动态情况。对羟基苯甲酸处理之后的土壤环境因子相关性与朱宇林等(2005)对巨尾桉根际土壤环境因子相关性的研究结果类似，其中全氮、全磷、碱解氮、有效磷、速效钾等养分含量变化与土壤酶活性(除多酚氧化酶外)变化呈显著正相关。添加其他酚酸物质的土壤环境因子相互关系均发生一定改变，可能是酚酸物质在环境因子的相互作用过程中参与化学反应，导致其相互作用机制发生一定的变化。

5.3.2 小结

① 桉树与降香黄檀混交林土壤环境因子本底值多数优于桉树纯林土壤，桉树混交降香黄檀可改善土壤的理化性质，表明搭配降香黄檀作为伴生树种存在合理性；纯林的土壤pH值相较于混交林偏酸性；混交林土壤中Fe^{3+}、Cu^{2+}、Zn^{2+}、Ca^{2+}、K^+、Mg^{2+}、NO_3^--N及PO_4^{3-}有效性均大于纯林，Mn^{2+}、NH_4^+-N有效性则相反；混交林土壤中脲酶活性本底值大于纯林，酸性磷酸酶、多酚氧化酶活性则相反。混交林土壤中细菌、真菌数量大于纯林，放线菌数量则相反。

② 在经混合酚酸的持续处理之后，纯林及混交林土壤pH值均呈下降趋势。纯林土壤中Fe^{3+}、Cu^{2+}、Mn^{2+}、K^+、Ca^{2+}、Mg^{2+}、NO_3^--N、PO_4^{3-}有效性均呈下降趋势，Zn^{2+}有效性呈先上升后下降趋势，NH_4^--H、有效性呈先下降后上升趋势。混交林土壤中Cu^{2+}、Zn^{2+}、K^+、Ca^{2+}、Mg^{2+}、NO_3^--N、NH_4^+-N、PO_4^{3-}有效性均呈下降趋势，Mn^{2+}、Fe^{3+}有效性先上升后下降。在经混合酚酸的持续处理之后，两林分脲酶及多酚氧化酶活性呈下降趋势，酸性磷酸酶活性呈上升趋势。在经混合酚酸的持续处理之后，两林分的3种微生物数量均大

大减少。混交林中土壤 pH 值、养分离子有效性及微生物数量降低的比例普遍小于纯林，混交林可缓解酚酸对土壤理化性质的影响。

③ 对羟基苯甲酸对纯林土壤 pH 值产生的降低影响最显著；水杨酸和阿魏酸对混交林土壤 pH 值产生的降低影响最显著；苯甲酸对两林分土壤 pH 值的降低影响均为最小。

④ 水杨酸对纯林土壤中 Ca^{2+}、Mg^{2+}、K^{+}、NH_4^+-N 有效性作用较显著；对羟基苯甲酸对纯林土壤中 Ca^{2+}、Mg^{2+}、NH_4^+-N 有效性作用较显著；苯甲酸对土壤中 Fe^{3+}、Mn^{2+}、NO_3^--N 有效性作用较显著；香草酸对土壤中 Fe^{3+}、Cu^{2+}、NO_3^--N 有效性作用较显著；阿魏酸对土壤中 Fe^{3+}、Mn^{2+} 有效性作用较显著。而在外源酚酸对巨尾桉与降香黄檀混交林土壤的处理中，香草酸对 Cu^{2+}、Mg^{2+}、K^{+} 有效性抑制作用较显著，阿魏酸对 K^{+}、PO_4^{3-} 有效性抑制作用较显著，水杨酸对 K^{+}、Mn^{2+}、PO_4^{3-} 有效性抑制作用较显著；对羟基苯甲酸对 Fe^{3+}、Mn^{2+} 有效性促进作用较显著，苯甲酸对 NO_3^--N 有效性促进作用较显著。

⑤ 对纯林土壤中脲酶活性影响最显著的酚酸为水杨酸，其让脲酶活性提高了 29.8%；对酸性磷酸酶活性影响显著的酚酸为苯甲酸，其让酸性磷酸酶活性提高了 12.4%；对多酚氧化酶活性影响最显著的酚酸为香草酸，其让多酚氧化酶活性提高了 42.0%。对混交林土壤中酸性磷酸酶影响最显著的酚酸为水杨酸，其让酸性磷酸酶活性提高了 27.6%；对多酚氧化酶活性影响最显著为香草酸，其让多酚氧化酶活性提高了 42.0%；苯甲酸对脲酶活性抑制作用最大，其让脲酶活性降低了 42.0%。

⑥ 对纯林土壤中细菌数量抑制作用最显著的为阿魏酸，其让细菌数量降低了 98.3%；对混交林土壤中细菌数量影响最显著的为苯甲酸，其让细菌数量降低了 99.0%。对纯林土壤中真菌数量抑制作用最显著的为阿魏酸，其让真菌数量降低了 96.9%；对混交林土壤中真菌数量影响最显著的为香草酸，其让真菌数量降低了 95.5%。仅香草酸对混交林中放线菌数量有显著的促进作用，其让放线菌数量提高了 1 716.7%。

⑦ 在经对羟基苯甲酸处理之后，养分离子有效性、脲酶活性、酸性磷酸酶活性、细菌数量、放线菌数量之间大多呈正相关，真菌数量与多数环境因子呈负相关。在经香草酸处理之后，土壤中 Ca^{2+} 有效性、Mg^{2+} 有效性、脲酶活性、

K^{+}有效性、Cu^{2+}有效性之间大多呈正相关，多数与Zn^{2+}有效性、NO_3^--N有效性、细菌数量、真菌数量、放线菌数量呈负相关。在经阿魏酸处理之后，K^{+}、Ca^{2+}、Mg^{2+}、NO_3^--N、NH_4^+-N有效性之间大多存在显著或极显著的正相关，养分离子与土壤pH值、真菌数量、放线菌数量、酸性磷酸酶活性存在显著或极显著的负相关。在经苯甲酸处理之后，K^{+}、Mg^{2+}、Cu^{2+}、Ca^{2+}有效性和细菌数量之间存在显著或极显著的正相关，Zn^{2+}有效性、脲酶活性、酸性磷酸酶活性、多酚氧化酶活性、真菌数量之间存在显著或极显著的正相关。在经水杨酸处理之后，Ca^{2+}、Mg^{2+}、Zn^{2+}有效性之间存在极显著的正相关，土壤pH值、真菌数量呈显著的正相关。

第 6 章 酚酸对降香黄檀幼苗的化感效应

我国是世界上人工林发展最快的国家之一,人工林面积居世界首位。杨树、杉木、桉树等树种的人工林多代连作导致林地地力衰退,已严重影响到人工林的可持续发展。已有研究表明,连作林地中某些化感物质的累积很可能是导致林地地力衰退的重要原因(Blum et al.,2005)。化感效应的影响在植物竞争活动中虽亚于水分、温度、光照、养分等因素,但在一定条件下,也可能成为限制植物生长的因素(Waller,1987;Einhellig,1996)。酚酸作为一类较强的化感活性物质,在植物化感效应研究中受到十分广泛的重视(Tang et al.,1982;Rice,1984)。研究表明,酚酸物质可通过改变植物体内光合酶的活性,导致植物光合作用受影响,光合酶的活性下降,活性氧含量增加,启动膜脂过氧化反应,对细胞膜造成损伤,而酚酸物质对植物细胞膜的破坏可能是化感作用所有效应的起点(Devi et al.,1996;Roshchina et al.,1993;Romagni et al.,2000;Yu et al.,1997)。目前,关于化感效应的研究主要涉及杨树、落叶松、杉木等树种的连作人工林(马越强 等,1998;陈龙池 等,2002(b);孙翠玲 等,1997;刘福德 等,2005)。在我国南方地区,相关研究主要集中在杉木自毒作用、杉木与伴生树种之间的化感效应,近几年桉树的化感效应、桉树与豆科树种混交时的化感效应及化感物质对混交树种的影响也逐渐引起关注。

降香黄檀(*Dalbergia odorifera*)又名黄花梨,为豆科黄檀属乔木,是我国最珍贵的红木树种之一,也是传统的药用植物,具有极高的经济价值和药用价值(He et al.,2008)。由于桉树纯林连栽引发的一系列生态争议及地力下降问题,近些年大力提倡营造桉树混交林。目前,豆科植物与桉树混交成为一种主要模式,但二者的种间关系鲜见报道。桉树自毒作用以及化感作用是否对伴生树种降香黄檀的生长产生促进或抑制作用,目前尚不清楚。有学者检测和分析了桉树纯林、桉树与降香黄檀混交林中土壤酚酸物质的含量及其积累机制(徐洁,2014;廖承锐,2014),但酚酸物质对混交树种生长、生理及矿质养分吸收的化感效应尚不清楚。鉴于此,本试验以降香黄檀幼苗为试验材料,针对二代巨尾桉与降香黄檀人工林土壤中酚酸物质的实际含量设定4个浓度梯度，分析阿魏酸、香豆酸、对羟基苯甲酸、苯甲酸、香草酸、水杨酸6种酚酸在不同浓度水平下对降香黄檀幼苗光合生理、酶活性的影响，并阐明其作用机理，从化学生态学角度评价桉树人工混交林地中检测的酚酸物质对降香黄檀苗木光合生理指标的化感作用，其对进一步揭示降香黄檀等豆科树种与桉树的种间化学关系具有重要的科学意义。

6.1 材料与方法

6.1.1 研究地概况

试验地位于广西大学林学院苗圃实习基地（东经108°17′14″，北纬22°51′20″）。该地属亚热带季风气候地带，年平均气温22 ℃，极端最高气温39 ℃，不小于10 ℃年积温7 200 ℃，年均降雨量1 304.2 mm，每年4—9月为降雨季节，平均相对湿度为79%，海拔约80 m，干湿季节分明（夏季潮湿，冬季稍显干燥）。

6.1.2 试验设计

以长势一致、生长良好的1年生降香黄檀幼苗为试验材料[平均苗高(109.62±5.22)cm、平均地径(18.25±0.57)mm]。盆栽试验采用的培养基质配合比为珍珠岩∶河沙＝1∶1，每盆基质共5 kg，试验盆底放置可盛装处理液的托盘，各试验材料在Hoagland营养液中预培养15 d，然后进行酚酸处理试验。本试验采用完全随机区组设计，在桉树与降香黄檀混交林土壤中检测出对羟基苯甲酸、香草酸、阿魏酸、香豆酸、苯甲酸、水杨酸6种酚酸的含量（徐洁，2014）(128.279 $\mu g \cdot g^{-1}$、30.270 $\mu g \cdot g^{-1}$、30.392 $\mu g \cdot g^{-1}$、17.977 $\mu g \cdot g^{-1}$、5.994 $\mu g \cdot g^{-1}$、1.740 $\mu g \cdot g^{-1}$)，并配制0.5X、1.0X、2.0X外源单酚酸及蒸馏水(CK)为对照处理材料，每个处理环节重复3次，每次重复采用试验苗10株。试验处理期间，每隔15 d向盆底托盘补充相应的酚酸溶液至饱和，尽量维持基质中的酚酸含量。所有处理每隔7 d定期浇施Hoagland营养液，试验期间水肥管理一致，试验处理历时 4 个月。各处理环节按顺序简称为 D1、D2、D3、C1、C2、C3、A1、A2、A3、X1、X2、X3、B1、B2、B3、S1、S2、S3，详细设置如表 6-1 所示。

表 6-1 不同酚酸处理下降香黄檀苗木的试验处理设计（单位：$\mu g \cdot g^{-1}$）

处理	对羟基苯甲酸	香草酸	阿魏酸	香豆酸	苯甲酸	水杨酸
0.5X	64.140 D1	15.135 C1	15.196 A1	8.989 X1	2.997 B1	0.870 S1
1.0X	128.279 D2	30.270 C2	30.392 A2	17.977 X2	5.994 B2	1.740 S2
2.0X	256.558 D3	60.540 C3	60.784 A3	35.955 X3	11.988 B3	3.480 S3
CK	0 CK	0 CK	0 CK	0 CK	0 CK	0 CK

6.1.3 指标测定

在进行酚酸处理后的第 15 d、30 d、45 d、60 d 测定苗木苗高和地径。苗高相对生长量计算公式：$RGY_H=(H_1-H_0)/H_0$；地径相对生长量计算公式：$RGY_D=(D_1-D_0)/D_0$。在试验结束后，即酚酸处理后的第 60 d，对各试验组随机选取 3 株重复的降香黄檀测定生物量，将幼苗根清洗干净后，分为根、茎、叶三部分。于 105 ℃杀青后在 80 ℃的烘箱中烘 48 h 至恒重，然后称量根、茎、叶各部分干重，并计算生物量各相关参数。

① 地上生物量(aboveground biomass)＝叶生物量＋茎生物量；

② 地下生物量(underground biomass)＝根生物量；

③ 总生物量(total biomass)＝地上生物量＋地下生物量；

④ 根冠比(root shoot ratio)＝根生物量/地上生物量。

丙二醛(MDA)含量采用硫代巴比妥酸法测定，过氧化物酶(POD)活性采用愈创木酚法测定，过氧化氢酶(CAT)活性采用紫外吸收法测定，超氧化物歧化酶(SOD)活性采用氮蓝四唑法测定。采用 PAM 2000 叶绿素荧光测定仪测定经不同酚酸处理的叶片荧光动力学参数。叶绿素含量采用丙酮、乙醇浸泡法测定，采用酶标仪测定吸光值。全 N 采用凯氏定氮法测定，全 P 采用钼锑抗比色法测定，K、Ca、Mg、Fe 采用原子吸收法测定。

6.1.4 数据处理

用 Williamson 等(1988)提出的化感效应指数 RI（$RI=1-C/T$，C 为对照，T 为处理）来衡量化感效应的强弱，当 RI>0 时表现为促进效应，当 RI<0 时表现为抑制效应，RI 绝对值的大小代表化感效应的强弱。

根据张子龙等(2014)的方法，利用平均化感指数来比较各个不同指标间的化感效应强弱。

$$MSI_R=\frac{\sum_{j=1}^{n}a_j}{n}$$

上式中，R 为平均敏感指数(M)的层次或级别，a 为数据项，n 为该层次或级别数据(RI)的总个数。当 MSI>0 时表现为促进效应，当 MSI<0 时表现为抑制效应，绝对值的大小与作用强度一致。

采用 Microsoft Excel 2007、SPSS 21.0 对所得数据进行统计整理、方差分析及显著性检验(Duncan 新复极差法)。

6.2 结果与分析

6.2.1 酚酸处理对降香黄檀幼苗生长指标的化感效应

1. 苗高和地径

由图 6-1 可知，不同质量浓度的酚酸物质均对降香黄檀幼苗苗高产生了抑制作用，且化感效应指数均小于 0。对羟基苯甲酸、香草酸、阿魏酸和香豆酸在各处理浓度间苗高化感效应指数差异均不显著($P>0.05$)；苯甲酸在处理浓度为 2.0X 时，苗高化感效应指数最低，且与其他处理浓度间差异显著($P<0.05$)；水杨酸在处理浓度为 1.0X、2.0X 时，对降香黄檀幼苗苗高具有显

著的抑制效应($P<0.05$)。

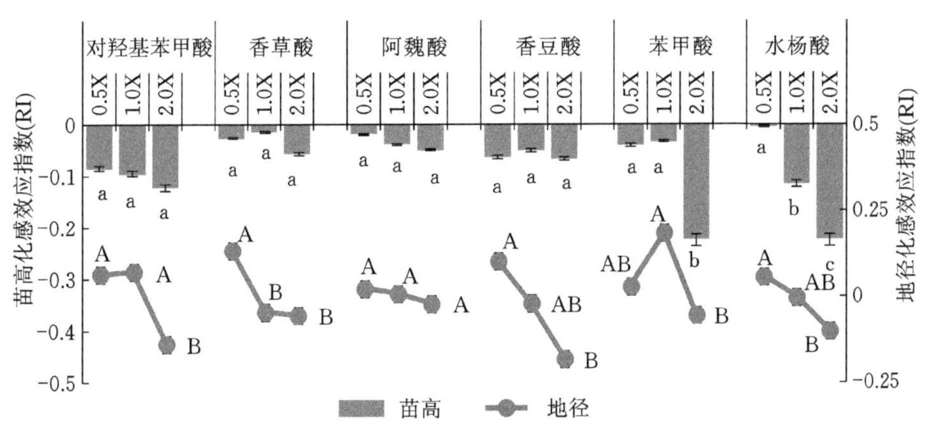

图 6-1　不同质量浓度的酚酸物质对降香黄檀幼苗的苗高和地径的影响

注:图中标记不同字母代表差异显著($P<0.05$),下同。

不同质量浓度的酚酸物质对降香黄檀幼苗地径的影响不同。经 0.5X、1.0X 处理浓度的对羟基苯甲酸、阿魏酸、苯甲酸处理后,降香黄檀幼苗地径增大,化感效应指数均大于 0,表现为促进效应;待处理浓度为 2.0X 时,降香黄檀幼苗地径显著减小,化感效应指数均小于 0,表现为抑制效应。香草酸、香豆酸和水杨酸在处理浓度为 0.5X 时,降香黄檀幼苗地径增大,其化感效应指数均大于 0,表现为促进效应,且与其他处理浓度间差异显著($P<0.05$);待处理浓度为 1.0X、2.0X 时,降香黄檀幼苗地径减小,化感效应指数均小于 0,表现为抑制效应,但两种处理浓度相互间差异并不显著($P>0.05$)。

2. 地上生物量和地下生物量

由图 6-2 可知,不同质量浓度的酚酸物质均对降香黄檀幼苗地上生物量产生了促进作用,其化感效应指数均大于 0。对于对羟基苯甲酸,随着处理浓度的增加,其化感效应指数逐渐增大;香草酸在处理浓度为 2.0X 时,化感效应指数较其他处理浓度显著减小($P<0.05$);阿魏酸、香豆酸随着处理浓度的增加,化感效应指数逐渐减小,但相互间差异并不显著($P>0.05$);苯甲酸在处理浓度为 1.0X、2.0X 时,化感效应指数逐渐下降,且与处理浓度为 0.5X 时差异显著($P<0.05$)。

经不同质量浓度的酚酸物质处理后,降香黄檀幼苗地下生物量化感效应

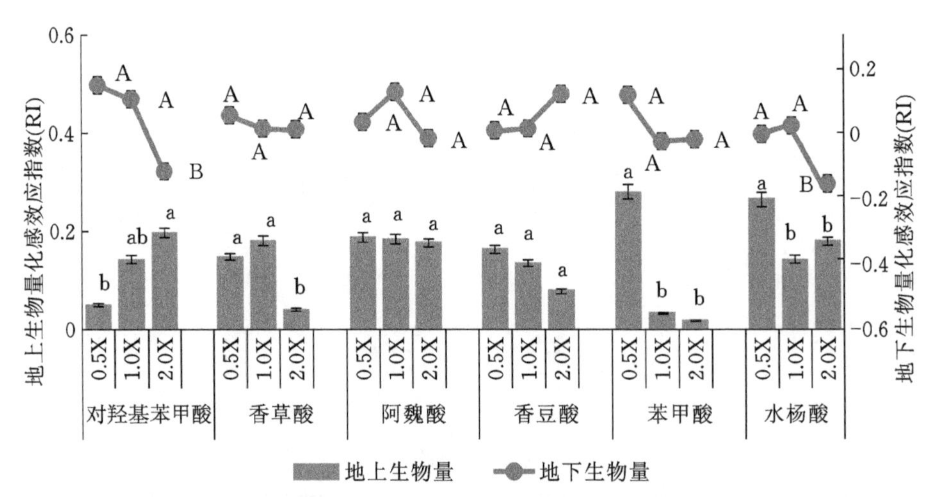

图 6-2　不同质量浓度的酚酸物质对降香黄檀幼苗的地上生物量和地下生物量的影响

指数变化不一。对羟基苯甲酸、阿魏酸和水杨酸在处理浓度为 2.0X 时，化感效应指数较其他处理浓度显著减小($P<0.05$)，化感效应指数均小于 0，表现为抑制效应；香草酸、香豆酸化感效应指数均大于 0，表现为促进效应，但各处理浓度间差异不显著($P>0.05$)；苯甲酸在处理浓度为 1.0X、2.0X 时，化感效应指数逐渐减小，且两种处理浓度间差异并不显著($P<0.05$)。

3. 总生物量和根冠比

由图 6-3 可知，经不同质量浓度的酚酸处理后，降香黄檀幼苗总生物量化感效应指数均大于 0，表现为促进效应。对羟基苯甲酸、阿魏酸、香豆酸不同处理浓度间，化感效应指数变化不大，差异不显著($P>0.05$)；香草酸、水杨酸在处理浓度为 2.0X 时，化感效应指数较其他处理浓度显著减小($P<0.05$)；苯甲酸在处理浓度为 1.0X、2.0X 时，化感效应指数较处理浓度为 0.5X 时显著减小($P<0.05$)。

经不同质量浓度的香草酸、阿魏酸、苯甲酸以及水杨酸处理后，降香黄檀幼苗根冠比化感效应指数均小于 0，表现为抑制效应，但不同浓度间差异均不显著($P>0.05$)；处理浓度为 2.0X 时，对羟基苯甲酸和香豆酸的化感效应指数较其他处理浓度均显著减小($P<0.05$)。

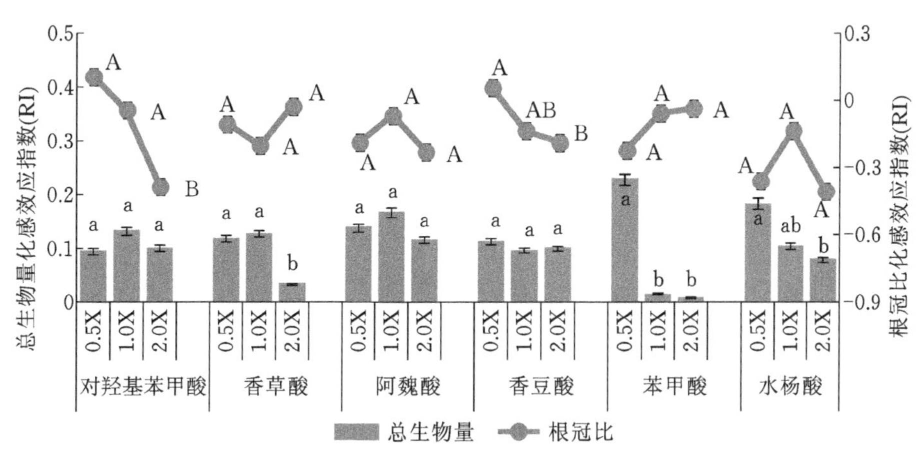

图 6-3　不同质量浓度的酚酸物质对降香黄檀幼苗中的总生物量和根冠比的影响

6.2.2　酚酸对降香黄檀幼苗叶片光合指标的化感效应

1. 叶绿素 a(Chl a)和叶绿素 b(Chl b)

由图 6-4 可知,不同质量浓度的酚酸物质均对降香黄檀幼苗叶片中的 Chl a 含量产生了抑制作用,其化感效应指数均小于 0;香草酸、水杨酸在各处理浓度之间 Chl a 化感效应指数差异均不显著($P>0.05$);对羟基苯甲酸、阿魏酸、香豆酸和苯甲酸均在处理浓度为 2.0X 时,Chl a 化感效应指数最小,且与其他处理浓度间差异显著($P<0.05$)。

经不同质量浓度的酚酸物质处理后,降香黄檀幼苗叶片中的 Chl b 化感效应指数变化不一,但总体仍表现为抑制效应。其中,香草酸、阿魏酸在不同处理浓度间 Chl b 化感效应指数无显著差异;香豆酸、苯甲酸和水杨酸在处理浓度为 0.5X、1.0X 时,Chl b 化感效应指数均大于 0,但相互间差异不显著($P>0.05$),待处理浓度升到 2.0X 时,Chl b 化感效应指数显著减小,表现为抑制效应;经不同质量浓度的对羟基苯甲酸处理后,Chl b 化感效应指数均小于 0,在处理浓度为 2.0X 时化感效应指数显著减小。

2. 叶绿素总含量(Chl s)和类胡萝卜素(Car)

由图 6-5 可知,不同质量浓度的酚酸物质均对降香黄檀幼苗的叶绿素总

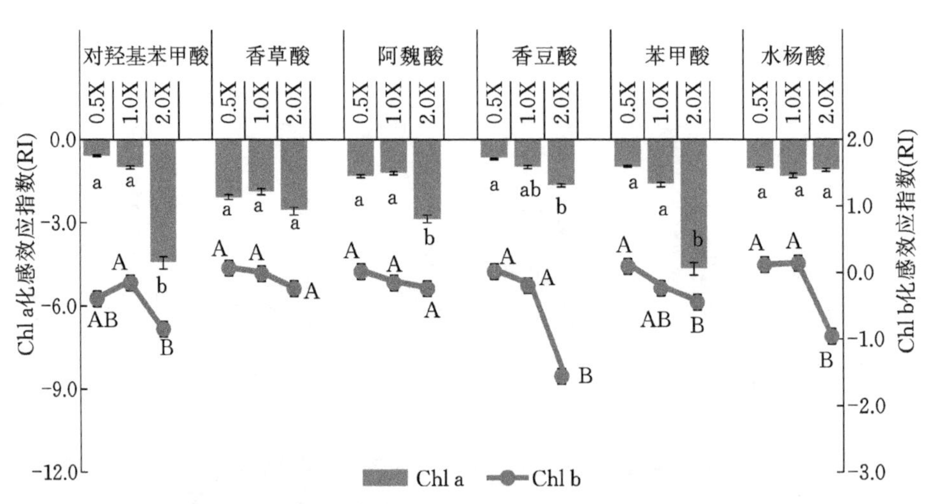

图 6-4　不同质量浓度的酚酸物质对降香黄檀幼苗中的 Chl a 和 Chl b 含量的影响

含量产生了抑制作用，其化感效应指数均小于 0。对羟基苯甲酸、阿魏酸、香豆酸和水杨酸在处理浓度为 2.0X 时，叶绿素总含量的化感效应指数均显著降低，其他处理浓度间无显著差异（$P>0.05$）；香草酸在各处理浓度下均表现为抑制效应，但各处理浓度间无显著差异（$P>0.05$）；苯甲酸在处理浓度为 1.0X、2.0X 时，叶绿素总含量化感效应指数显著减小（$P<0.05$）。

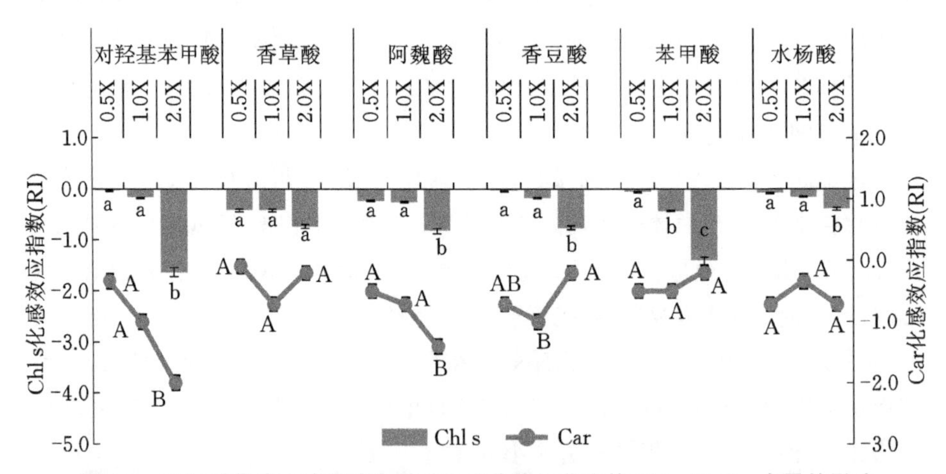

图 6-5　不同质量浓度的酚酸物质对降香黄檀幼苗中的 Chl s 和 Car 含量的影响

不同质量浓度的酚酸物质均使降香黄檀幼苗的类胡萝卜素含量有所下

降，其化感效应指数均小于 0，表现为抑制效应。除了香草酸、苯甲酸和水杨酸，其他 3 组酚酸试验组对降香黄檀幼苗的类胡萝卜素含量均有显著影响（$P<0.05$）。其中，处理浓度为 2.0X 的对羟基苯甲酸、阿魏酸试验组的类胡萝卜素化感效应指数较其他处理浓度的均显著下降（$P<0.05$）；处理浓度为 1.0X 的香豆酸试验组的类胡萝卜素化感效应指数低于其他处理浓度的，且差异显著（$P<0.05$）。

3. 最大荧光（F_m）和 PSⅡ 最大光化学效率（F_v/F_m）

由图 6-6 可知，不同质量浓度的酚酸物质对降香黄檀幼苗的最大荧光（F_m）呈现出不同程度的抑制作用。对羟基苯甲酸各处理浓度间无显著差异（$P>0.05$）；香草酸、阿魏酸、香豆酸、苯甲酸和水杨酸均在处理浓度为 2.0X 时，化感效应指数较其他处理浓度显著下降（$P<0.05$）。

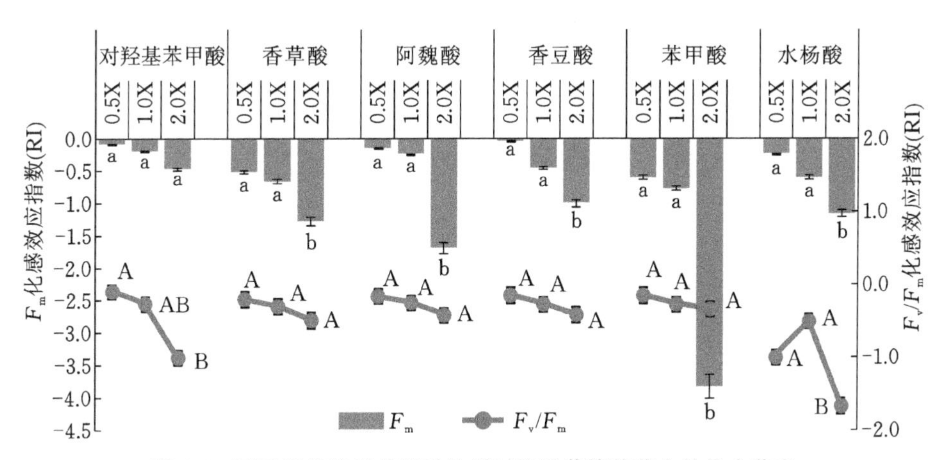

图 6-6　不同质量浓度的酚酸物质对降香黄檀幼苗中的最大荧光和 PSⅡ 最大光化学效率的影响

不同质量浓度的香草酸、阿魏酸、香豆酸及苯甲酸对降香黄檀幼苗的 PSⅡ 最大光化学效率产生了抑制作用，当处理浓度为 0.5X、1.0X 时，其化感效应指数均小于 0，但差异均不显著（$P>0.05$）；处理浓度为 2.0X 时，对羟基苯甲酸和水杨酸的 PSⅡ 最大光化学效率化感效应指数较其他处理浓度的均显著下降（$P<0.05$）。

6.2.3 酚酸处理对降香黄檀苗木叶片矿质营养元素吸收的化感效应

1. 氮(N)和磷(P)

由图 6-7 可知,不同质量浓度的酚酸物质均对降香黄檀幼苗叶片中的 N 含量产生了促进作用,其化感效应指数均大于 0,且不同种类的酚酸物质化感效应指数变化趋势不同。在处理浓度为 1.0X、2.0X 时,对羟基苯甲酸、香草酸和水杨酸的化感效应指数均比处理浓度为 0.5X 时有所减小,但相互间差异并不显著($P>0.05$);随着处理浓度的增大,阿魏酸和香豆酸的化感效应指数呈先增大后减小的变化趋势,其中处理浓度为 2.0X 的香豆酸较其他处理浓度的显著减小($P<0.05$);随着处理浓度的增大,苯甲酸的化感效应指数先减小后增大,但各处理浓度的差异不显著($P>0.05$)。

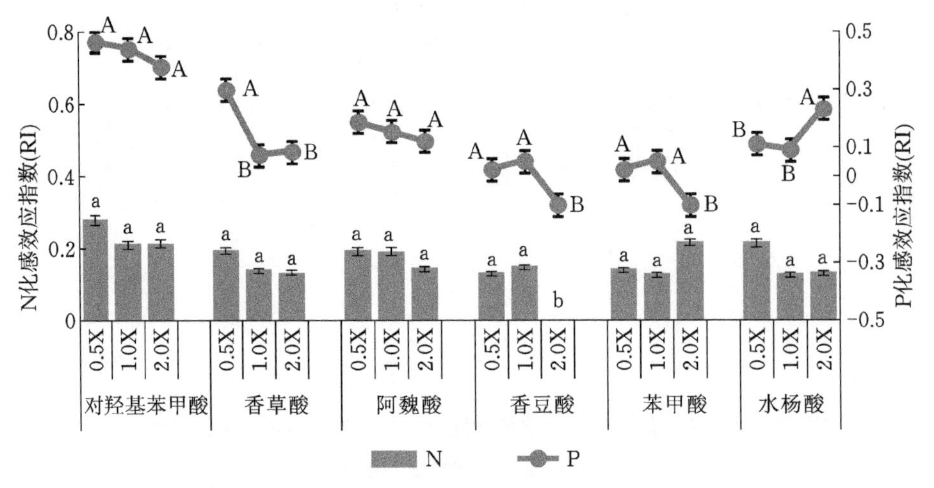

图 6-7 不同质量浓度的酚酸物质对降香黄檀幼苗叶片中的 N 和 P 含量的影响

不同质量浓度的酚酸物质对降香黄檀幼苗叶片中的 P 含量影响不同。经不同质量浓度的对羟基苯甲酸、香草酸、阿魏酸、水杨酸处理后,降香黄檀幼苗叶片中的 P 含量增加,化感效应指数均大于 0,表现为促进效应。香草酸在处理浓度为 1.0X、2.0X 时,化感效应指数显著减小($P<0.05$);随着处理浓度的增加,水杨酸的化感效应指数呈先减小后增大的变化趋势,在处理浓度为 2.0X 时,其化感效应指数显著增大($P<0.05$);随着处理浓度的增加,香豆酸

和苯甲酸的化感效应指数呈先增大后减小的变化趋势，在处理浓度为 2.0X 时，其 P 含量有所减少，化感效应指数均小于 0，且与其他处理浓度的差异显著（$P<0.05$）。

2. 钾(K)和钙(Ca)

由图 6-8 可知，不同质量浓度的酚酸物质对降香黄檀幼苗叶片中的 K 的化感效应指数影响不同。对羟基苯甲酸、香草酸和水杨酸的化感效应指数变化不一，但化感效应指数均大于 0，总体表现为促进效应；不同质量浓度的阿魏酸化感效应指数均小于 0，表现为抑制效应；处理浓度为 2.0X 的阿魏酸和香豆酸及处理浓度为 1.0X、2.0X 的苯甲酸，化感效应指数较其他处理浓度的显著减小（$P<0.05$），化感效应指数均小于 0，表现为抑制效应。

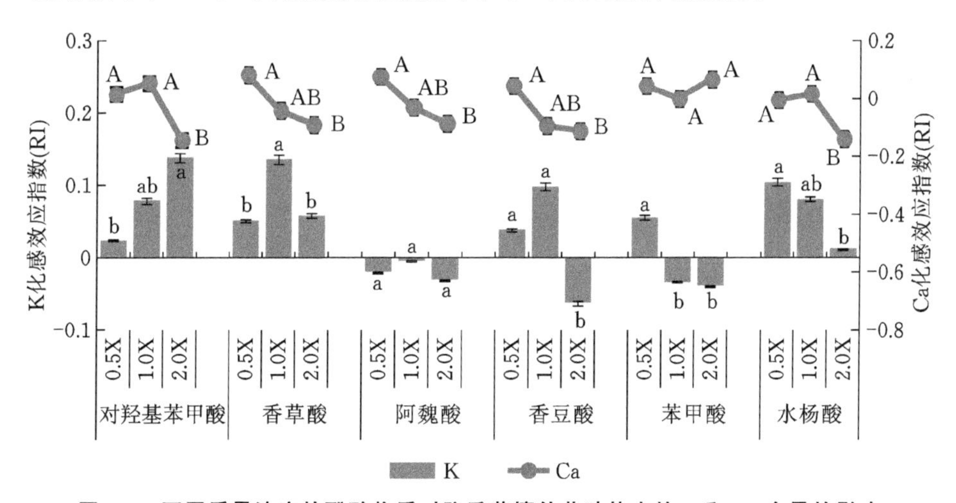

图 6-8　不同质量浓度的酚酸物质对降香黄檀幼苗叶片中的 K 和 Ca 含量的影响

经不同质量浓度的酚酸物质处理后，降香黄檀幼苗叶片中的 Ca 的化感效应指数大小变化不一。对羟基苯甲酸和水杨酸在处理浓度为 2.0X 时，化感效应指数小于 0，表现为抑制效应；香草酸、阿魏酸和香豆酸随着处理浓度的增大，化感效应指数逐渐减小，在处理浓度为 1.0X、2.0X 时，其化感效应指数均小于 0，且在处理浓度为 2.0X 时与其他处理浓度的差异显著（$P<0.05$）；苯甲酸化感效应指数均大于 0，表现为促进效应，不同处理浓度间差异不显著（$P>0.05$）。

3. 镁(Mg)和铁(Fe)

由图6-9可知,不同质量浓度的酚酸物质对降香黄檀幼苗叶片中Mg的含量呈现出不同程度的抑制效应。在各处理浓度下,对羟基苯甲酸、阿魏酸和水杨酸的化感效应指数之间无显著差异($P>0.05$);香草酸、香豆酸和苯甲酸均在处理浓度为2.0X时,化感效应指数较其他处理浓度的显著减小($P<0.05$)。

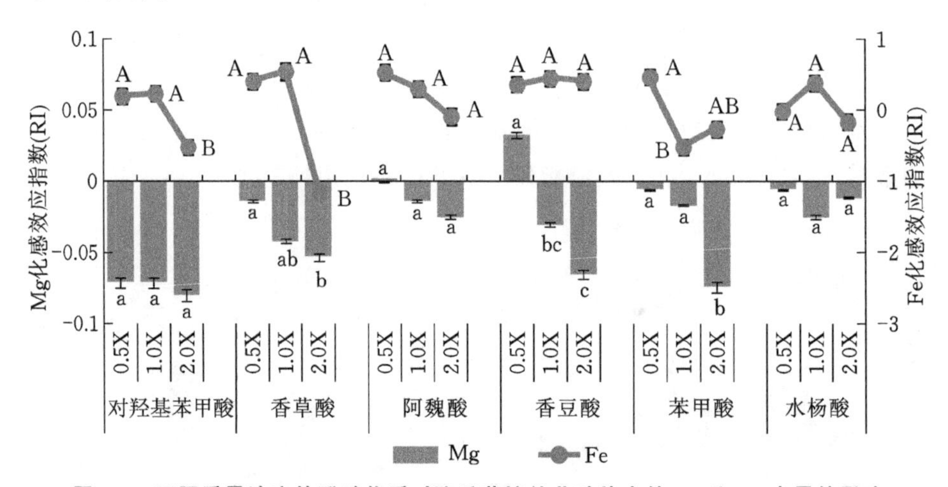

图6-9　不同质量浓度的酚酸物质对降香黄檀幼苗叶片中的Mg和Fe含量的影响

对羟基苯甲酸、香草酸、阿魏酸和水杨酸在处理浓度为2.0X时,对降香黄檀幼苗叶片中Fe的含量产生了抑制效应,其化感效应指数均小于0,其中处理浓度为2.0X的对羟基苯甲酸和香草酸与其他处理浓度时的化感效应指数差异显著;不同质量浓度的香豆酸均对降香黄檀幼苗叶片中Fe的含量产生了促进效应,其化感效应指数大于0,各处理浓度间无显著差异($P>0.05$);随着处理浓度的增大,苯甲酸的化感效应指数呈先减小后增大的变化趋势,在处理浓度为1.0X时其化感效应指数最小,且与处理浓度为0.5X时有显著差异($P<0.05$)。

6.2.4　酚酸处理对降香黄檀苗木抗氧化酶系统的化感效应

1. 丙二醛(MDA)和过氧化物酶(POD)

由图6-10可知,不同质量浓度的酚酸物质对降香黄檀幼苗叶片中MDA

含量的化感效应影响趋势相似，即随着处理浓度的增大，对MDA含量的化感效应均表现为促进效应，但效应强度存在差异。对羟基苯甲酸、香草酸、香豆酸、水杨酸在处理浓度为2.0X时，MDA化感效应指数较其他处理浓度均显著增大，而其他两种处理浓度间无显著差异（$P>0.05$）；阿魏酸、苯甲酸在处理浓度为1.0X、2.0X时，MDA化感效应指数较0.5X处理浓度时显著增加。

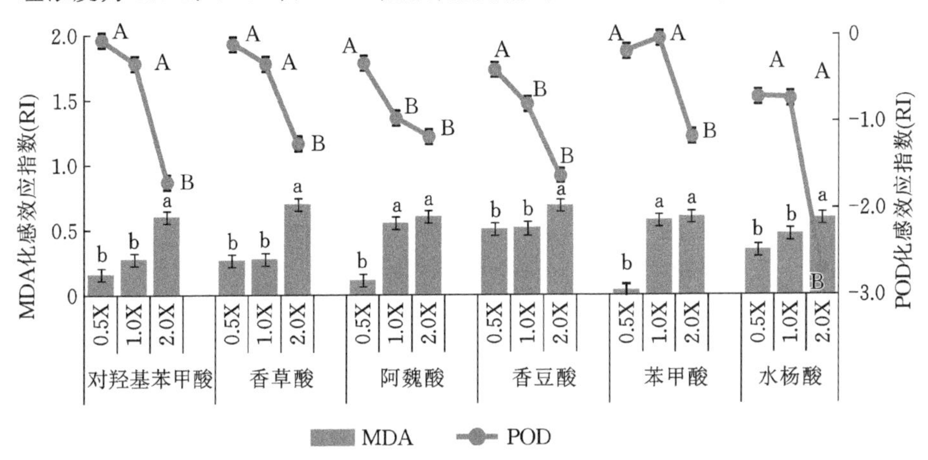

图6-10 不同质量浓度的酚酸物质对降香黄檀幼苗中的MDA含量和POD活性的影响

不同质量浓度的酚酸物质对降香黄檀幼苗叶片中POD活性均呈抑制作用，其化感效应指数均小于0，且随着浓度的增加，抑制效应逐渐增强。对羟基苯甲酸、香草酸、苯甲酸和水杨酸在处理浓度为2.0X时，降香黄檀幼苗叶片中的POD化感效应指数均显著下降；阿魏酸、香豆酸在处理浓度为1.0X、2.0X时，对降香黄檀幼苗叶片中的POD活性也具有显著的抑制效应（$P<0.05$）。

2. 过氧化氢酶（CAT）和超氧化物歧化酶（SOD）

由图6-11可知，不同质量浓度的酚酸物质对降香黄檀幼苗叶片中的CAT活性影响不同。处理浓度为0.5X和1.0X的对羟基苯甲酸、阿魏酸、香豆酸、苯甲酸，能提高降香黄檀幼苗叶片中的CAT活性，化感效应指数均大于0，表现为促进效应；待浓度增加至2.0X时，降香黄檀幼苗叶片中的CAT活性显著下降，化感效应指数均小于0，表现为抑制效应；香草酸和水杨酸在处理浓度为2.0X时，降香黄檀幼苗叶片中的CAT活性有所下降，化感效应指数均小于0，但差异并不显著（$P>0.05$）。

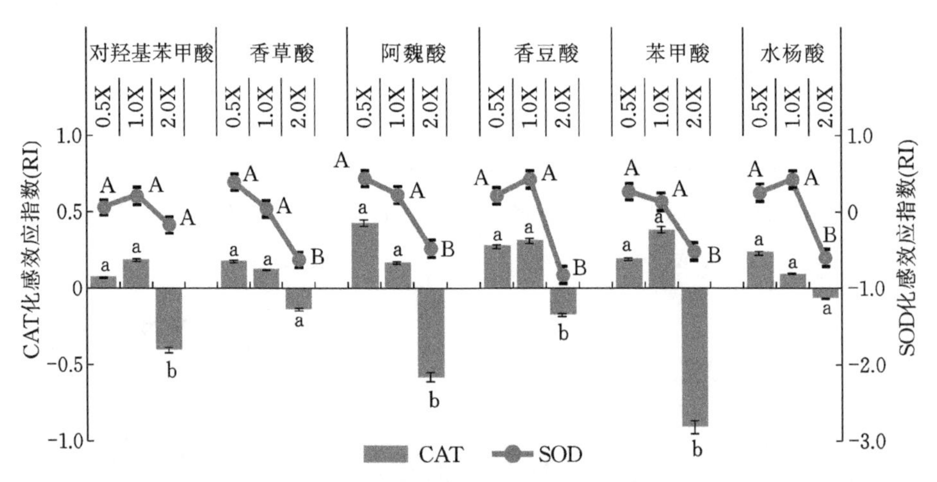

图 6-11　不同质量浓度的酚酸物质对降香黄檀幼苗中的 CAT 和 SOD 活性的影响

经不同质量浓度的酚酸物质处理后，降香黄檀幼苗叶片中的 SOD 活性呈先提高后降低的变化趋势。在处理浓度为 0.5X、1.0X 时，降香黄檀幼苗叶片中的 SOD 活性均提高，化感效应指数大于 0，表现为促进效应。待处理浓度为 2.0X 时，香草酸、阿魏酸、香豆酸、苯甲酸和水杨酸较其他两种处理浓度，化感效应指数均显著下降；对羟基苯甲酸各处理浓度间均无显著差异($P>0.05$)。

6.2.5　酚酸物质对降香黄檀幼苗各指标的综合化感效应

由表 6-2 可知，经 6 种酚酸物质处理后降香黄檀幼苗的一级(M_1)、二级(M_2)、三级(M_3)敏感指数大部分为负值，说明 6 种酚酸对降香黄檀幼苗产生了抑制效应。由 M_1 可知，6 种酚酸物质对降香黄檀幼苗苗高、根冠比、Chl a 含量、Chl b 含量、Chl s、Car 含量、F_m、F_v/F_m、POD 活性和 Mg 含量产生了抑制效应，对地上生物量、总生物量、MDA 活性和 N 含量产生了促进效应。由 M_2 可知，6 种酚酸物质对降香黄檀幼苗的光合指标和生理指标均产生了抑制效应，且对光合指标的抑制效应强于生理指标；6 种酚酸物质大部分对降香黄檀幼苗的生长指标和养分指标产生了促进效应，且对养分指标的促进效应强于生长指标；由 M_3 可知，6 种酚酸物质对降香黄檀幼苗的抑制效应大小顺序为：苯甲酸>对羟基苯甲酸>水杨酸>香草酸>阿魏酸>香豆酸。

表 6-2　6 种酚酸物质对降香黄檀幼苗的综合化感指数

酚酸物质	M_3	M_2				M_1																					
		生长指标	光合指标	生理指标	养分指标	苗高	地径	地上生物量	地下生物量	总生物量	根冠比	Chl a	Chl b	Chl s	Car	F_m	F_v/F_m	MDA	POD	CAT	SOD	N	P	K	Ca	Mg	Fe
对羟基苯甲酸	−0.204	0.01	−0.81	−0.09	0.11	−0.10	0.00	0.13	0.05	0.11	−0.11	−1.99	−0.45	−0.61	−1.11	−0.24	−0.45	0.34	−0.68	−0.05	0.03	0.24	0.43	0.08	−0.02	−0.07	−0.01
香草酸	−0.173	0.02	−0.68	−0.04	0.05	−0.03	0.01	0.13	0.03	0.09	−0.11	−2.16	−0.05	−0.52	−0.34	−0.82	−0.17	0.41	−0.55	0.05	−0.07	0.16	0.16	0.08	−0.01	−0.04	−0.05
阿魏酸	−0.164	0.03	−0.67	−0.08	0.09	−0.04	0.00	0.19	0.05	0.14	−0.16	−1.80	−0.11	−0.44	−0.87	−0.69	−0.12	0.42	−0.81	0.00	0.06	0.18	0.16	−0.02	−0.01	−0.01	0.26
香豆酸	−0.141	0.02	−0.56	−0.07	0.08	−0.06	−0.04	0.13	0.05	0.10	−0.09	−1.10	−0.56	−0.31	−0.64	−0.49	−0.27	0.57	−0.93	0.14	−0.06	0.09	−0.01	0.03	−0.05	−0.02	0.42
苯甲酸	−0.256	0.01	−0.93	−0.05	0.01	−0.10	0.05	0.11	0.03	0.08	−0.11	−2.39	−0.18	−0.63	−0.40	−1.73	−0.25	0.40	−0.45	−0.11	−0.04	0.16	−0.01	0.00	0.04	−0.03	−0.09
水杨酸	−0.201	−0.03	−0.65	−0.20	0.07	−0.12	−0.02	0.20	−0.04	0.12	−0.30	−1.14	−0.22	−0.21	−0.59	−0.66	−1.06	0.47	−1.37	0.09	0.02	0.16	0.15	0.07	−0.04	−0.01	0.08

注：M_1，$n=9$（n 为总处理数，每种酚酸有 1 个处理，每个处理设 3 种浓度，每种浓度设 3 个重复）。M_2，生长指标（苗高、地径、地上生物量、地下生物量、总生物量、根冠比），$n=9\times6=54$；光合指标（Chl a、Chl b、Chl s、Car、F_m、F_v/F_m），$n=9\times6=54$；生理指标（MDA、POD、CAT、SOD），$n=9\times4=36$；养分指标（N、P、K、Ca、Mg、Fe），$n=9\times6=54$。M_3，生长指标、光合指标、生理指标和养分指标，$n=54+54+36+54=198$。

6.3 讨论与小结

6.3.1 讨论

1. 不同酚酸对降香黄檀苗木生长的影响

植物的化感作用是指一种活体植物通过茎叶挥发、水分淋溶、根系分泌及植物残株腐解等途径向环境中释放化感物质，从而促进或抑制邻近伴生植物生长和发育的化学生态学现象（李茜 等，2011）。酚酸是一类重要的化感物质，广泛地存在于植物体内和耕种土壤中。酚酸物质在土壤中积累是引起植物连作障碍的主要原因，不仅影响邻近植物的生长发育，也影响到土壤的理化性质，并改变土壤的养分状况，进而影响植物的吸收和生长（张江红，2005）。陈龙等（2014）试验表明，低浓度外源酚酸能促进植物的生长发育，高浓度外源酚酸则会抑制植物地上部分的生长，促进地下部分的比重提升。植物的各种形态属性参数（苗高、地径、生物量、根冠比、矿质营养状态）是衡量植物在酚酸环境下生长状况的重要指标（张国伟 等，2015）。平衡的根茎系统、高径比以及较高的根冠比表明植物具有粗壮的茎干和发达的根系系统，充分体现苗木定植后适应环境的能力较强（张宇，2016）。

苗高是衡量植物生长速度的参数，高生长的苗木在种植点占据更大的区域，因此会吸收更多的太阳能，在相同光环境下合成的能量物质也更多（Kielland，1994）；地径是衡量苗木质量的形态指标之一，一般情况下，茎部粗壮的苗木在抗逆能力上较茎部细长的苗木更具优势（欧万发，2016）。酚酸种类及其浓度不同，对降香黄檀幼苗生长的影响也不同。不同质量浓度的酚酸物质对降香黄檀幼苗地上生物量、地下生物量和总生物量的影响较为强烈，而对苗高、地径和根冠比的影响相对较小。酚酸物质对植物生长的影响多表现为抑制效应（Kaur et al.，2005；Zanardo et al.，2009）。本试验研究结果表明，不同质量浓度的酚酸物质对降香黄檀幼苗苗高、根冠比均显示抑制作用，其化感效应指数均小于0。酚酸对植物的生长还可表现为低浓度促进、高浓度抑制的双重质量浓度效应(郭俊霞 等,2010;胡举伟 等,2013;顾元 等,2013;李自龙 等,2013;Landete et al.,2008)。6种酚酸物质大部分在质量浓度为0.5X、1.0X时对降香黄檀幼苗的地径、地下生物量积累有显著的正向影响,而在浓度为2.0X时,降香黄檀幼苗的生长受到抑制,这与沈玉聪等(2016)以酚酸物质处理三七幼苗的研究结果一致,低浓度酚酸处理能促进植物的生长,高浓度酚酸处理则抑制植物的生长发育。

2. 不同酚酸对降香黄檀苗木光合的影响

已有研究表明,酚类物质不仅影响植物光合电子传递、氧化磷酸化及暗反应的有关酶系,同时也会引发植物光合机构的损伤(Balke,1985;Jose et al.,1998)。利用叶绿素荧光可直接、快速探测酚酸物质对植物光合作用的影响(李晓 等,2006)。本试验研究结果显示,不同种类的酚酸在处理浓度为0.5X和1.0X时,F_m化感效应指数均无显著差异($P>0.05$);在处理浓度为2.0X时,香草酸、阿魏酸、香豆酸、苯甲酸和水杨酸的F_m化感效应指数较其他处理浓度的则显著下降($P<0.05$),且F_m化感效应指数均小于0。在处理浓度为0.5X和1.0X时,F_v/F_m化感效应指数均小于0,但差异均不显著($P>0.05$);待处理浓度为2.0X时,对羟基苯甲酸和水杨酸的化感效应指数较其他处理浓度的均显著下降($P<0.05$)。结合叶片MDA化感效应指数在2.0X处理浓度下高于其他处理浓度的表现,可以推测降香黄檀幼苗叶肉细胞受到损伤,PSⅡ反应中心受到损伤,光合酶的活性降低,光合作用光反应中光合电子传递和光合磷酸化等一系列过程受到破坏,导致降香黄檀幼苗光合速率降低。光合色素是绿色植物进行光合作用的物质基础,光合色素含量的多少一定程度上决定了绿色植物对光的转化效率的高低。如Patterson(1981)研究表明,在10~30 $\mu mol \cdot L^{-1}$的酚类物质处理下,大豆的光合产物减少,叶绿素含量降低,大豆生长受到明显抑制。本研究中经不同质量浓度的酚酸物质处理后降香黄檀幼苗光合色素化感效应指数变化不一,在处理浓度为0.5X和1.0X时,化感效应指数变化差异不大,但抑制效应仍较为明显;在处理浓度为2.0X时,降香黄檀幼苗叶片中Chl a、Chl b、Chl s和Car的化感效应指数均显著低于其他处理浓度的,这几类酚酸物质在一定浓度下可能破坏叶绿体的结构,从而

抑制光合色素的合成，并导致已合成的光合色素分解加快（玄晓丽 等，2012）。

3. 不同酚酸对降香黄檀苗木叶片养分的影响

酚酸物质不仅影响植物的生长和形态，对植株 N、P、K、Ca、Mg、Fe 等矿质养分含量也有很大影响。有研究表明，酚酸物质可破坏植物细胞膜内外电势差，增大细胞膜透性，使矿质离子外渗（Glass et al.，1974），苯丙烯酸可抑制黄瓜幼苗根系对养分的吸收，使根系细胞内养分外渗（Yu et al.，1997）。酚酸质量浓度为 50 $\mu mol \cdot L^{-1}$时，就对黄瓜根系 K^+、NO_3^-、$H_2PO_4^-$ 等的吸收起抑制作用，随着处理浓度的增加，养分外渗速率超过吸收速率（吕卫光 等，2002）。不同质量浓度的酚酸物质对降香黄檀幼苗叶片中 N、P、K、Ca、Mg、Fe 的含量影响各有异同，林木生长过程中对矿质营养元素的吸收量不同，这也有利于保持生态系统中营养元素再利用效率的提高。本试验中经不同质量浓度的酚酸物质处理后，降香黄檀幼苗叶片中 N 化感效应指数均大于 0，表现为促进效应，说明植株充分利用了从土壤中吸收的 N 元素，来提高植株的整体生长水平（Takashima et al.，2004）；随着香豆酸和苯甲酸处理浓度的增加，P 化感效应指数呈先增大后减小的变化趋势，在处理浓度为 2.0X 时，叶片中 P、K 含量较其他处理浓度的显著降低，化感效应指数均小于 0，表现为抑制效应，结果与郭伟等（2017）研究得出的生菜在外源酚酸下的矿质养分吸收利用规律相近，低浓度酚酸导致植株体内矿质元素积累，高浓度酚酸则导致植株体内矿质元素含量下降。原因可能是酚酸对降香黄檀幼苗中 N 的吸收抑制程度强于对 P 和 K 的吸收抑制程度，从而使叶片中 N 含量相对提高，P 和 K 含量相对降低。本试验中，当酚酸质量浓度为 0.5 X 时，Ca、Fe 化感效应指数均大于 0，表现为促进效应，Mg 化感效应指数则始终小于 0，说明不同种类酚酸物质在质量浓度为 0.5 X 时对 Mg 的吸收抑制作用强于对 Ca、Fe 的吸收抑制作用，使得 Ca、Fe 含量相对提高。

4. 不同酚酸对降香黄檀苗木生理的影响

正常情况下，植物体内活性氧的产生与清除处于稳态平衡状态，但在逆境胁迫下这种平衡状态会被打破（Prasad，1996）。植物细胞内的抗氧化酶可以在一定程度上抵御环境因子造成的氧化胁迫（Rubio et al.，2004；Miller，

2004)。酶促防御系统中,SOD 负责将超氧阴离子自由基歧化为 H_2O_2,而 POD 和 CAT 则分别在细胞质和叶绿体内将 H_2O_2 降解为无毒害作用的水分子和氧气(Foyer et al.,2010)。本研究表明,各酚酸物质均在处理浓度为0.5X 和 1.0X 时提高降香黄檀幼苗叶片中 SOD、CAT 的化感效应指数,而在处理浓度为 2.0X 时,减小 SOD、CAT 的化感效应指数。低浓度酚酸能够刺激植物保护酶系统功能的发挥,提升 SOD 和 CAT 的活性(Devi et al.,1996)。随着浓度的增加,酚酸对植物的毒害作用超出植物自我保护能力,从而对 SOD、CAT 产生抑制作用(Romagni et al.,2000;Baziramakenga et al.,1995)。然而也有研究者(林文雄 等,2007)发现,植物根系分泌的多酚类化感物质抑制植物体内 CAT 的活性,吴宗伟等(2009)研究发现,酚酸物质使水培地黄中 SOD 的活性降到最低,这可能是由于不同植物对酚酸物质的耐受度不一样。不同质量浓度的酚酸物质对降香黄檀幼苗叶片中 POD 化感效应指数呈现抑制效应,且随着浓度的增加,抑制效应增强,吴凤芝等(吴凤芝 等,2007;胡元森等,2007)的研究表明,酚酸物质使黄瓜幼苗中 POD 的活性呈先提高后降低的变化趋势。降香黄檀幼苗叶片中 SOD、CAT 的活性总体上随着酚酸物质浓度的增加呈先提高后降低的变化趋势,暗示着在低浓度和中浓度酚酸物质处理下,这两种酶在降香黄檀幼苗中表现出保护作用,能够及时清除幼苗体内过剩的活性氧自由基,使得降香黄檀幼苗免遭伤害。但随着处理浓度的增加,酚酸物质对 SOD、CAT 的活性产生抑制效应;同时 POD 的活性下降,说明 SOD、CAT 歧化活性氧产生的 H_2O_2 超出了 POD 的清除能力,这可能会导致过氧化物的过度积累,从而对降香黄檀幼苗产生生理毒害作用。

植物在衰老过程及逆境胁迫下,往往会发生膜脂过氧化反应,MDA 是膜脂过氧化反应的产物之一,其含量能表明植物膜脂过氧化程度(MacFarlane et al.,2001)。在研究酚酸物质对黄瓜(胡元森 等,2007)、杨树(杨阳 等,2010)的化感作用中发现,植物体内的 MDA 含量随酚酸浓度的升高而增加,浓度过高的酚酸物质会加剧植物膜脂过氧化程度。本试验中降香黄檀幼苗叶片中 MDA 的化感效应指数随着酚酸浓度的增加而增大,在 2.0X 的高浓度酚酸处理下均表现为显著的抑制效应。不同种类的酚酸物质随着浓度的增加导致降香黄檀幼苗叶片中 SOD、CAT 和 POD 的活性降低,使降香黄檀幼苗组织内的自由基产生与清除系统遭到破坏,造成自由基大量积累,膜脂过氧化程度加剧。最终表现为降香黄檀幼苗组织内 MDA 含量增加,破坏膜结构。

6.3.2 小结

综上所述,不同质量浓度的酚酸物质对降香黄檀幼苗的生长、生理及矿质养分吸收总体表现为低浓度(0.5X、1.0X)促进,高浓度(2.0X)抑制,随着处理浓度的增加,化感效应指数逐渐减小。通过综合敏感指数可知,6 种酚酸的化感效应指数均小于 0,表明这 6 种酚酸对降香黄檀幼苗的综合影响均为抑制效应,但降香黄檀幼苗对 6 种酚酸的敏感度不同,对苯甲酸的敏感度最大,说明该酚酸对降香黄檀产生较明显的化感效应,可能是导致降香黄檀幼苗生长出现明显变化并最终抑制植株生长发育的重要元素。桉树林地中酚酸物质积累量超过一定阈值时,可能会对混交树种的生长产生一定的抑制效应。

第7章 结　语

7.1 主要结论

7.1.1 桉树与豆科树种混交林土壤中酚酸物质的种类

桉树连栽没有造成总酚和复合酚的累积，且桉树与马占相思混交后土壤中的总酚和复合酚含量提高。随着桉树纯林栽植年限的增加，土壤中的水溶酚含量提高，但并未达到毒害水平。相较于桉树纯林，马占相思纯林及桉树与马占相思混交林土壤中的水溶酚含量降低。

采用碱液浸提-高效液相色谱法检测了对羟基苯甲酸、香草酸、苯甲酸、阿魏酸和肉桂酸，发现这5种酚酸含量表现为香草酸最高，苯甲酸次之，肉桂酸含量最低，且所有林地各层次土壤中皆测出了对羟基苯甲酸、香草酸和苯甲酸，但在2年生二代桉树纯林林间20～40 cm区未测出阿魏酸，而仅在除2年生二代桉树纯林外其他各林分的根区土中测出肉桂酸。各林分土壤中5种酚酸物质含量变化不太明显，各酚酸含量与林种生物学特性有关。

桉树连栽并未造成土壤中酚酸物质的累积，马占相思纯林及马占相思、降香黄檀与桉树混交林土壤中酚酸物质含量高于桉树纯林。

7.1.2 桉树与豆科树种混交林土壤中酚酸物质的累积机制

进一步对一代桉树纯林、二代桉树纯林、马占相思纯林、一代桉树与马占相思混交林和二代桉树与降香黄檀混交林林间和根际土壤中酚酸物质的季节动态变化特征及累积机制进行研究，结果表明二代桉树纯林土壤中未发生酚酸物质的积累。

桉树纯林林间土壤容易形成化感效应,而桉树与豆科树种混交能够有效降低林间土壤中的酚酸物质含量,减小化感作用。一、二代桉树纯林林间土壤中的酚酸年平均总量均高于根际土壤,其根系分泌的酚酸物质容易分散到林地内,对林内其他物种产生化感作用;而在添加外源酚酸的情况下,混交林土壤的解吸能力在低浓度条件时极低,酚酸物质基本呈现不可逆的吸附状态,不会对林地内的其他物种产生化感作用,而桉树纯林则与之相反。可见,桉树与豆科树种混交能够有效降低林间土壤中的酚酸物质含量,从而减少化感效应的产生。

对羟基苯甲酸、香豆酸和香草酸是桉树纯林及桉树与马占相思、降香黄檀混交林土壤中含量较高的酚酸物质,而肉桂酸在各林地内的含量极低。在酚酸的季节动态变化特征研究中发现,对羟基苯甲酸含量始终处于最高水平,其次为香豆酸和香草酸,而肉桂酸在各林地土壤中的吸附速率较高,且降解能力最弱,容易形成滞留,但含量却处于最低水平。可见,土壤微生物对外源肉桂酸存在一定的分解作用,肉桂酸含量越高,土壤微生物对其分解能力越强。

7.1.3 酚酸物质对桉树与豆科树种混交林土壤性质的化感作用

桉树连栽虽未造成林地土壤 pH 值下降,但使土壤紧实度增加,通气度减小,排水能力下降。桉树与马占相思混交可以平衡土壤的酸碱度,提高土壤的总孔隙度、通气度和排水能力,桉树与降香黄檀混交可提高林地的保水性。对羟基苯甲酸和阿魏酸对纯林土壤 pH 值产生的降低影响最显著,水杨酸、阿魏酸及对羟基苯甲酸对混交林土壤 pH 值产生的降低影响最显著。

随着土壤 pH 值下降,土壤中脲酶活性和多酚氧化酶活性降低,酸性磷酸酶活性增加,土壤总酚含量、复合酚含量和酚酸总量增加,水溶酚含量下降。连栽桉树纯林中多酚氧化酶对酚类物质有降解作用。总酚和复合酚之间呈较显著的正相关,土壤中水溶酚与复合酚呈动态平衡关系,且复合酚含量越高,酚酸总量越高。

酚酸对两种林分土壤 pH 值、养分离子有效性、酶活性及微生物数量绝大多数存在显著降低作用,桉树与降香黄檀混交可改善土壤的理化性质,说明降香黄檀是合理的伴生树种。采用外源混合酚酸处理桉树纯林和混交林的土壤,发现混交林中土壤 pH 值、养分离子有效性及微生物数量降低的幅度普遍小于纯林,说明桉树与降香黄檀混交可缓解酚酸对土壤理化性质的化感作用。

不同种类酚酸处理下，土壤环境因子之间的相互关系发生改变。在对羟基苯甲酸处理下，除了真菌数量及少数因子，总体上呈正相关。在香草酸的处理下，微生物数量总体上和多数矿质离子之间呈极显著的负相关，与 Zn^{2+}、NO_3^--N 有效性之间呈极显著的负相关。在阿魏酸处理下，多数离子之间总体上呈正相关，与土壤 pH 值、真菌数量、放线菌数量、酸性磷酸酶活性呈显著或极显著的负相关。在苯甲酸处理下，多数矿质离子之间及其与细菌数量之间呈正相关，Zn^{2+}、真菌数量、酶活性之间总体上呈正相关。在水杨酸处理下，土壤 pH 值、真菌数量呈显著正相关，土壤 pH 值与 Mg^{2+}、Cu^{2+}、Zn^{2+}、NO_3^--N 有效性呈极显著的负相关。

7.1.4 酚酸物质对桉树与降香黄檀的化感作用

通过化感效应指数分析，本项目中所涉及的酚酸物质均对降香黄檀幼苗苗高、根冠比及其叶片中 Ca、Mg 的含量表现为不同程度的抑制效应，对生物量及叶片中 N 含量表现为促进效应，但在外源酚酸浓度低于林地土壤酚酸浓度时，对幼苗地径及叶片中 P、K、Fe 含量表现为促进效应，随着处理浓度增大，则表现为抑制效应。

在外源酚酸浓度低于林地土壤酚酸浓度时，POD 活性受到抑制，CAT 和 SOD 活性提高，但随着处理浓度增大，对 3 种酶及 F_m、F_v/F_m、叶绿素 a 含量、叶绿素总量及类胡萝卜素含量均表现为抑制效应，且 MDA 活性逐渐增强。

通过综合敏感指数可知，6 种酚酸物质对降香黄檀幼苗产生一定的抑制作用，但各酚酸物质的作用方式及强度存在差异：阿魏酸对降香黄檀幼苗的生长指标、有机物质及养分离子含量的化感效应影响最大，总体上表现为促进效应；苯甲酸对光合参数和抗氧化生理指标的化感效应影响最大，总体上表现为抑制效应。

7.2 研究展望

地力衰退是当今桉树速生丰产和持续发展面临的问题，深入研究桉树林地土壤化感作用具有重要的理论和实践意义。当前桉树人工林普遍为纯林，结构单调，生态系统的稳定性较低，易造成大面积的灾害。大量调查数据说明，纯林连栽将导致人工林生产力下降和土壤退化，而混交林在人工林地营造中具有提高林分生长量、改善土地理化性质等明显优势，因此人们对桉树混交林的研究重视起来。有研究指出，桉树可分泌酚酸等化感物质，作用于周围植物，不利于其他树种或作物的生长，但尚缺少更多的实证案例和研究。

酚酸物质是植物体内重要的次生代谢产物之一，随着近些年来人工纯林多代连栽生产力下降问题的日益严重，森林土壤中的酚酸物质也开始引起众多学者的普遍关注。许多学者认为，酚酸物质是土壤中毒的重要物质之一，但一些学者认为，引起地力衰退的主要原因并不是酚酸物质，某些酚酸物质甚至还能促进植物的生长。本研究对连栽桉树人工纯林及混交林土壤中酚酸物质的累积及化感机制进行了探讨，较系统地研究了酚酸物质在桉树人工纯林及混交林土壤中的吸附、解吸附和滞留动态等环境行为，初步揭示了其在土壤中的累积机制，为连栽桉树纯林的地力衰退问题及混交林对林地地力的维护和提高等方面的研究开创了新的思路。然而，桉树纯林及混交林土壤中酚酸类化感物质的相关研究亟待进一步深入。在人工林林地土壤中，酚酸物质可能来源于树体淋洗、根系分泌、土壤微生物代谢，但目前对酚酸产生的途径尚不明了，尤其是微生物作为土壤生态系统中的重要生物体，其生理活动是土壤酚酸物质的重要来源，应对功能微生物分解酚酸的能力进行检测及鉴定，进一步揭示其对土壤生态系统的影响，并探讨各物质对目标树种或伴生树种的协同作用方式或机制，从化学生态学的角度，为森林地力的维持提供科学依据。桉树与豆科树种混交林生态系统近十多年来受到普遍关注，桉树与豆科树种混交可能会缓解桉树连栽带来的地力衰退问题。

参考文献

[1] AERTS R, CHAPIN Ⅲ F S. The mineral nutrition of wild plants revisited: a re-evaluation of processes and patterns[J]. Advances in Ecological Research, 1999, 30(8):1-67.

[2] MILLER D A. Allelopathy in forage crop systems[J]. Agronomy Journal, 1996, 88(6):854-859.

[3] BALKE N E. Effects of allelochemicals on mineral uptake and associated physiological processes[C]// The chemistry of Allelopathy. 1985.

[4] BAZIRAMAKENGA R, LEROUX G D, SIMARD R R. Effects of benzoic and cinnamic acids on membrane permeability of soybean roots[J]. Journal of Chemical Ecology, 1995, 21(9):1271-1285.

[5] BLUM U, GERIG T M. Relationships between phenolic acid concentrations, transpiration, water utilization, leaf area expansion, and uptake of phenolic acids: nutrient culture studies[J]. Journal of Chemical Ecology, 2005, 31(8):1907-1932.

[6] BLUM U, REBBECK J. Inhibition and recovery of cucumber roots given multiple treatments of ferulic acid in nutrient culture[M]. Journal of Chemical Ecology, 1989, 15(3):917-928.

[7] BLUM U. Effects of microbial utilization of phenolic acids and their phenolic acid breakdown products on allelopathic interactions[J]. Journal of Chemical Ecology, 1998, 24(4):685-708.

[8] BOLTE M L, BLOWERS J, CROW W D, et al. Germination inhibitor from Eucalyptus pulverulenta[J]. Agricultural and Biological Chemistry, 1984, 48(2):373-376.

[9] CARLSEN S C, KUDSK P, LAURSEN B, et al. Allelochemicals in rye (Secale cereale L.): cultivar and tissue differences in the production of benzoxazinoids and phenolic acids[J]. Natural Product Communications, 2009, 4(2):199-208.

[10] CHOU C H, LEU L L. Allelopathy substances and activities of Delonix regia Raf[M]. Journal of Chemical Ecology, 1992, 18(12):2285-2303.

[11] CHOU C H, WALLER G R. Phytochemical ecology: allelochemicals, mycotoxing and insect pheromohes and allomones[J]. Biochemical Systematics and Ecologgy, 1990, 18(5):387.

[12] DAVIES P J. Plant hormones physiology, biochemistry and molecular biology[M]. Dordrecht: Springer, 1995.

[13] MORAL D R, MULLER C H. Fog drip: a mechanism of toxin transport from

Eucalyptus globulus[J]. Bulletin of the Torrey Botanical Club, 1969,96(4):467-475.

[14] DEVI S R, PRASAD M N V. Ferulic acid mediated changes in oxidative enzymes of maize seedlings:implications in growth[J]. Biologia Plantarum, 1996, 38(3):387-395.

[15] GLASS A D M, DUNLOP J. Influence of phenolic acids on ion uptake: IV. depolarization of membrane potentials[J]. Plant Physiology, 1974, 54(6):855-858.

[16] EINHELLIG F A, KUAN L Y. Effects of scopoletin and chlorogenic acid on stomatal aperture in tobacco and sunflower[J]. Bultetin of the Torrey Botanical Club,1971, 98(3):155-162.

[17] EINHELLIG F A. Interactions involving allelopathy in cropping systems [J]. Agronomy Journal,1996,88(6):886-893.

[18] EINHELLIG F A, SOUZA I F. Phytotoxicity of sorgoleone found in grain sorghum root exudates[J]. Journal of Chemical Ecology, 1992, 18(1):1-11.

[19] FOYER C H, NOCTOR G. Redox sensing and signalling associated with reactive oxygen in chloroplasts, peroxisomes and mitochondria[J]. Physiologia Plantarum, 2010, 119(3):355-364.

[20] GLASS A D M, DUNLOP J. Influence of phenolic acids on ion uptake: IV. depolarization of membrane potentials[J]. Plant Physiology,1974,54(6):855-858.

[21] GUENZI W D,MCCALLA T M.Phenolic acids in oats, wheat, sorghum, and corn residues and their phyotoxicity [J]. Agronomy Journal, 1966, 58(3):303-304.

[22] HAIDER K,MARTIN J P. Decomposition of specificity carbon-14 labeled benzoic and cinnamic acid derivatives in soils[J]. Soil Science Society of America Journal, 1975, 39(4):657-667.

[23] HEJL A M, EINHELLIG F A, RASMUSSEN J A. Effects of juglone on growth, photosynthesis, and respiration[J]. Journal of Chemical Ecology, 1993, 19(3): 559-568.

[24] INDERJIT, DAKSHINI K M M. On laboratory bioassays in allelopathy[J].Botanical Review,1995,61(1):28-44.

[25] JOSE S, GILLESPIE A R. Allelopathy in black walnut (Juglans nigra L.) alley cropping. II. Effects of juglone on hydroponically grown corn (Zea mays L.) and soybean (Glycine max L. Merr.) growth and physiology[J]. Plant and Soil, 1998, 203(2):199-206.

[26] KAUR H, KAUSHIK S. Cellular evidence of allelopathic interference of benzoic acid to mustard (Brassica juncea L.) seedling growth [J]. Plant Physiology & Biochemistry, 2005, 43(1):77-81.

[27] KEFELI V I, KALEVITCH M V, BORSARI B. Phenolic cycle in plants and

environment[J].Journal of Cell and Molecular Biology,2003,2(1):13-18.

[28] KIELLAND K. Amino acid absorption by arctic plants:implications for plant nutrition and neutrogena cycling[J].Ecology, 1994,75(8):2373-2383.

[29] LANDETE J M, CURIEL J A, RODRIGUEZ H, et al. Study of the inhibitory activity of phenolic compounds found in olive products and their degradation by lactobacillus plantarum strains[J]. Food Chemistry, 2008, 107(1):320-326.

[30] LEHMAN M E, BLUM U. Evaluation of ferulic acid uptake as a measurement of allelochemical dose:effective concentration[M]. Journal of Chemical Ecology,1999,25(11):2585-2600.

[31] LEITAO A L, DUARTE M P, OLIVEIRA J S. Degradation of phenol by a halotolerant strain of penicillium chrysogenum[J]. International Biodeterioration & Biodegradation, 2007, 59(3):220-225.

[32] LUPI C, MORIN H, DESLAURIERS A, et al. Role of soil nitrogen for the conifers of the boreal forest:a critical review[J]. International Journal of Plant & Soil Science, 2013, 2(2):155-189.

[33] MACFARLANE G R, BURCHETT M D. Photosynthetic pigments and peroxidase activity as indicators of heavy metal stress in the grey mangrove, avicennia marina (Forsk.) vierh[J]. Marine Pollution Bulletin, 2001, 42(3):233-240.

[34] MAKINO A, MAE T, OHIRA K. Relation between nitrogen and ribulose-1, 5-bisphosphate carboxylase in rice leaves from emergence through senescence[J]. Plant & Cell Physiology, 1984, 25(3):429-437.

[35] MAKOI J H J R, NDAKIDEMI P A. Biological, ecological and agronomic significance of plant phenolic compounds in rhizosphere of the symbiotic legumes[J]. African Journal of Biotechnology, 2007,6(12):1358-1368.

[36] MANDAL S M, CHAKRABORTY D, DEY S. Phenolic acids act as signaling molecules in plant-microbe symbioses[J]. Plant Signaling&Behavior, 2010, 5(4): 359-368.

[37] MILLER A F. Superoxide dismutases:active sites that save, but a protein that kills [J]. Current Opinion in Chemical Biology, 2004, 8(2):162-168.

[38] PASTENES C, HORTON P. Effect of high temperature on photosynthesis in beans (I.oxygen evolution and chlorophyll fluorescence)[J]. Plant Physiology, 1996, 112 (3):1245-1251.

[39] PATTERSON D T. Effects of allelopathic chemicals on growth and physiological responses of soybean (glycine max)[J]. Weed Science, 1981, 29(1):53-59.

[40] PRASAD T K. Mechanisms of chilling-induced oxidative stress injury and tolerance in

developing maize seedlings: changes in antioxidant system, oxidation of proteins and lipids, and protease activities[J].The Plant Journal, 1996, 10(6):1017-1026.

[41] RAGHOTHAMA K G , KARTHIKEYAN A S. Phosphate acquisition[J]. Plant and Soil,2005(7):37-49.

[42] RICE E L.Allelopathy[M].2nd ed. New York: Academic Press Inc,1984.

[43] ROMAGNI J G, ALLEN S N,DAYAN F E. Allelopathic effects of volatile cineoles on two weedy plant species[J].Journal of Chemical Ecology, 2000, 26(1):303-313.

[44] ROSHCHINA V V, ROSHCHINA V D. The excretory function of higher plants [M]. Heidelberg: Springer,1993.

[45] RUBIO M C, JAMES E K, CLEMENTE M R, et al. Localization of superoxide dismutases and hydrogen peroxide in legume root nodules [J]. Molecular Plant Microbe Interactions, 2004, 17(12):1294-1305.

[46] SAMREEN T, HUMAIRA, SHAH H U, et al. Zinc effect on growth rate, chlorophyll, protein and mineral contents of hydroponically grown mungbeans plant (Vigna radiata)[J]. Arabian Journal of Chemistry, 2017.

[47] SEAL A N, PRATLEY J E, HAIG T, et al. Identification and quantitation of compounds in a series of allelopathic and non-allelopathic rice root exudates [J]. Journal of Chemical Ecology, 2004, 30(8):1647-1662.

[48] SENE M, DORE T, PELLISSIER F. Effect of phenolic acids in soil under and between rows of a prior sorghum(sorghum bicolor)crop on germination, emergence, and seedling growth of peanut(arachis hypogea) [J]. Journal of Chemical Ecology, 2000, 26(3):625-637.

[49] SIMONA C, ANNA C, ANTONIO F, et al. Inhibition of net nitrification activity in a Mediterranean woodland:possible role of chemicals produced by arbutus unedo [J]. Plant and Soil,2009,315:273-283.

[50] STAMAN K, BLUM U, LOUWS F, et al. Can simultaneous inhibition of seedling growth and stimulation of rhizosphere bacterial populations provide evidence for phytotoxin transfer from plant residues in the bulk soil to the rhizosphere of sensitive species? [M]. Journal of Chemical Ecology, 2001, 27(4):807-829.

[51] SWAIN T,HARBORNE J B,SUMERE C F V.Bjochenmistry of plant phenolics[M]. New York: Plenum Press, 1979.

[52] TAKASHIMA T, HIKOSAKA K, HIROSE T. Photosynthesis or persistence: nitrogen allocation in leaves of evergreen and deciduous quercus, species[J]. Plant Cell & Environment, 2004, 27(8):1047-1054.

[53] TANG C S, YOUNG C C. Collection and identification of allelopathic compounds

from the undisturbed root system of bigalta limpograss (Hemarthria altissima)[J]. Plant Physiology, 1982, 69(1):155-160.

[54] URIBE C S, GUERRERO C S, KING B, et al. Allelochemicals targeting the phospholipid bilayer and the proteins of biological membranes [J]. Allelopathy Journal, 2008, 21(1):1-24.

[55] WALLER G R. Allelochemicals:Role in agriculture and forestry[M]. Washington D C:American Chemical Society,1987.

[56] WANG P, DUAN W, TAKABAYASHI A, et al. Chloroplastic NAD(P)H dehydrogenase in tobacco leaves functions in alleviation of oxidative damage caused by temperature stress[J]. Plant Physiology, 2006, 141(2):465-474.

[57] WILLEKENS H, CAMP W V, MONTAGU M V, et al. Ozone, Sulfur Dioxide, and Ultraviolet B Have Similar Effects on mRNA Accumulation of Antioxidant Genes in Nicotiana plumbaginifolia L[J]. Plant Physiology, 1994, 106(3):1007-1014.

[58] WILLIAMSON G B, RICHARDSON D. Bioassays for allelopathy: measuring treatment responses with independent controls[J]. Journal of Chemical Ecology, 1988, 14(1):181-187.

[59] WU H W, HAIG T, PRATLEY J, et al. Allelochemicals in wheat (Triticum aestivum L.):cultivar difference in the exudation of phenolic acids[J]. Journal of Agricultural and Food Chemistry, 2001,49(8):3742-3745.

[60] YAO R S, SUN M, WANG C L. Degradation of phenolic compounds with hydrogen peroxide catalyzed by enzyme from Serratia marcescens AB 90027[J]. Water Research, 2006, 40(16):3091-3098.

[61] YU J Q, MATSUI Y. Effects of root exudates of cucumber (Cucumis sativus) and allelochemicals on ion uptake by cucumber seedlings[J]. Journal of Chemical Ecology, 1997, 23(3):817-827.

[62] ZUO Y M,LI Y P,CAO Y P, et al. Iron nutrition of peanut enhanced by mixed cropping with maize:possible role of root morphology and rhizosphere microflora[J]. Journal of Plant Nutrition, 2003, 26(10-11):2093-2110.

[63] ZANARDO D I L, LIMA R B, FERRARESE M D L L, et al. Soybean root growth inhibition and lignification induced by p-coumaric acid[J]. Environmental & Experimental Botany, 2009, 66(1):25-30.

[64] 蔡益航,林星,李宝福,等.降香黄檀杉木混交造林试验研究[J].安徽农学通报,2010,16(11):205-206.

[65] 曹光球,林思祖,黄世国.阿魏酸和肉桂酸对杉木种子发芽的效应[J].植物资源与环境学报,2001,10(2):63-64.

[66] 曹光球.杉木自毒作用及其与主要混交树种化感作用的研究[D].福州:福建农林大学,2006.

[67] 曾任森,李蓬为.窿缘桉和尾叶桉的化感作用研究[J].华南农业大学学报,1997,18(1):6-10.

[68] 陈博雯,刘海龙,蔡玲,等.干旱胁迫对油茶组培苗与实生苗内源激素含量的影响[J].经济林研究,2013,31(2):60-64.

[69] 陈林,杨新国,李学斌,等.中间锦鸡儿茎叶水浸提液对4种农作物种子萌发和幼苗生长的化感作用[J].浙江大学学报(农业与生命科学版),2014,40(1):41-48.

[70] 陈龙,张美玲,辛明月,等.外源酚酸对盆栽大豆苗期生长发育影响研究[J].中国农学通报,2014,30(24):129-132.

[71] 陈龙池,廖利平,汪思龙,等.香草醛和对羟基苯甲酸对杉木幼苗生理特性的影响[J].应用生态学报,2002,13(10):1291-1294.

[72] 陈龙池,廖利平,汪思龙,等.外源毒素对林地土壤养分的影响[J].生态学杂志,2002b,21(1):19-22.

[73] 陈龙池,汪思龙.杉木根系分泌物化感作用研究[J].生态学报,2003,23(2):393-398.

[74] 陈秋波,彭黎旭,贺利民,等.刚果12号桉树根及根际土壤中化感物质的成分分析[J].热带农业科学,2002,22(4):28-34.

[75] 崔磊,赵秀海,张春雨.化感作用研究动态及展望[J].浙江林业科技,2006,26(1):65-70.

[76] 董哲.沙棘根系分泌物酸类物质与根际区土壤养分研究[D].北京:北京林业大学,2013.

[77] 杜国坚,钱玉红,洪利兴,等.杉木连栽回心土造林技术研究[J].福建林学院学报,1997,17(2):120-125.

[78] 杜静,杨家学,焦晓林,等.氮、磷、钾缺乏对西洋参根分泌物中酚酸类化合物的影响[J].中国中药杂志,2011,36(3):326-329.

[79] 段罕惠.秋茄凋落物酚酸动态变化及其对新月菱形藻的化感效应研究[D].厦门:厦门大学,2014.

[80] 段娜,贾玉奎,徐军,等.植物内源激素研究进展[J].中国农学通报,2015,31(2):159-165.

[81] 丰骁,段建平,蒲小鹏,等.土壤脲酶活性两种测定方法的比较[J].草原和草坪,2008,127(2):70-72.

[82] 顾元,常志州,于建光,等.外源酚酸对水稻种子和幼苗的化感效应[J].江苏农业学报,2013,29(2):240-246.

[83] 关松荫,等.土壤酶及其研究法[M].北京:农业出版社,1986.

[84] 郭俊霞,王引权.几种外源酚酸对红芪幼苗生长的影响[J].甘肃中医学院学报,2010,

27(6):27-29.
[85] 郭伟,孙海燕,王炎.N-苯基-2-萘胺和邻苯二甲酸对生菜抗氧化系统及矿质养分吸收的影响[J].植物生理学报,2017,53(1):71-78.
[86] 高李李,郭沛涌.酚酸类化感物质抑藻作用的研究进展[J].水处理技术,2012,38(9):1-4.
[87] 郝建,王凌晖,秦武明.尾巨桉纯林土壤化感效应的生物评价[J].西北林学院学报,2011,26(4):175-179.
[88] 何光训.杉木连栽林地土壤酚类物质降解受阻的内外因[J].浙江林学院学报,1995,12(4):434-439.
[89] 何华勤,林文雄.水稻化感作用潜力研究初报[J].中国生态农业学报,2001,9(2):47-49.
[90] 何明军,冯锦东,欧淑玲,等.濒危药用植物降香黄檀种子贮藏条件与萌发特性初步研究[J].时珍国医国药,2008,19(9):2074-2075.
[91] 胡亚林,汪思龙,黄宇,等.凋落物化学组成对土壤微生物学性状及土壤酶活性的影响[J].生态学报,2005,25(10):2662-2668.
[92] 胡元森,吴坤,李翠香,等.酚酸物质对黄瓜幼苗及枯萎病菌菌丝生长的影响[J].生态学杂志,2007,26(11):1738-1742.
[93] 黄建国.植物营养学[M].北京:中国林业出版社,2004.
[94] 黄晓露.桉树纯林及其混交林土壤酚类物质的环境效应与生物评价[D].南宁:广西大学,2012.
[95] 黄兴学.豇豆连作土壤中自毒物质鉴定及肉桂酸对豇豆光合作用的影响[D].武汉:华中农业大学,2010.
[96] 黄杏.外源 ABA 提高甘蔗抗寒性的生理及分子机制研究[D].南宁:广西大学,2012.
[97] 黄志群,廖利平,汪思龙,等.杉木根桩和周围土壤酚含量的变化及其化感效应[J].应用生态学报,2000,11(2):190-192.
[98] 黄志群,林思祖,曹光球,等.毛竹、苦槠水浸液对杉木种子发芽的效应[J].福建林学院学报,1999,19(3):249-252.
[99] 姜培坤,徐秋芳.杉木林地和根际土壤酚类物质分析[J].浙江林业科技,2000,20(5):1-4.
[100] 靳素娟.遮荫和高温胁迫对几种香草植物生理与生长发育的影响[D].重庆:西南大学,2010.
[101] 孔垂华,徐涛,胡飞.胜红蓟化感作用研究Ⅱ.主要化感物质的释放途径和活性[J].应用生态学报,1998,9(3):257-260.
[102] 孔垂华,徐涛,胡飞,等.环境胁迫下植物的化感作用及其诱导机制[J].生态学报,2000,20(5):849-854.

[103] 黎云昆.降香黄檀是我国重要的战略资源[N].中国绿色时报,2013-6-13(A03).
[104] 李传涵,李明鹤,何绍江,等.杉木林和阔叶林土壤酚含量及其变化的研究[J].林业科学,2002,38(2):9-14.
[105] 李春龙.外源化感物质香草酸对辣椒幼苗土壤酶活性及土壤养分含量的影响[J].中国蔬菜,2009(20):46-49.
[106] 李娟.植物钾、钙、镁素营养的研究进展[J].福建稻麦科技,2007,25(1):39-42,30.
[107] 李茜,蔡靖,姜在民,等.核桃叶水浸提液对白术幼苗生长及光合作用的化感效应[J].西北农林科技大学学报(自然科学版),2011,39(4):89-94.
[108] 李庆凯,刘苹,唐朝辉,等.两种酚酸类物质对花生根部土壤养分、酶活性和产量的影响[J].应用生态学报,2016,27(4):1189-1195.
[109] 李绍文.生态生物化学(二):高等植物之间的生化关系[J].生态学杂志,1989(1):66-70.
[110] 李绍文.生态生物化学[M].北京:北京大学出版社,2001.
[111] 李天杰.土壤环境学——土壤环境污染防治与土壤生态保护[M].北京:高等教育出版社,1996.
[112] 李天伦.酚酸类化感物质的土壤生物化学效应研究[D].咸阳:西北农林科技大学,2013.
[113] 李自龙,回振龙,张俊莲,等.外源酚酸类物质对马铃薯植株生长发育的影响及机制研究[J].华北农学报,2013,28(6):147-152.
[114] 李培栋,王兴祥,李奕林,等.连作花生土壤中酚酸类物质的检测及其对花生的化感作用[J].生态学报,2010,30(8):2128-2134.
[115] 李晓,冯伟,曾晓春.叶绿素荧光分析技术及应用进展[J].西北植物学报,2006,26(10):2186-2196.
[116] 梁晓兰,潘开文,王进闯.花椒(Zanthoxylum bungeanum)凋落物分解过程中酚酸的释放及其浸提液对土壤化学性质的影响[J].生态学报,2008,28(10):4676-4684.
[117] 廖承锐.速生桉纯林及其与豆科树种混交林土壤酚酸物质的积累机制[D].南宁:广西大学,2014.
[118] 林开敏,叶发茂,林艳,等.酚类物质对土壤和植物的作用机制研究进展[J].中国生态农业学报,2010,18(5):1130-1137.
[119] 林群慧,何华勤,林文雄.水稻化感物质作用特性的研究[J].中国生态农业学报,2001,9(1):84-85.
[120] 林思祖,曹光球,黄世国,等.杉木经几种源植物水浸液处理后叶绿素、质膜透性及气孔的变化研究[J].中国生态农业学报,2003,11(3):29-31.
[121] 林思祖,杜玲,曹光球.化感作用在林业中的研究进展及应用前景[J].福建林学院学报,2002,22(2):184-188.

[122] 林思祖,黄世国,曹光球,等.杉木自毒作用的研究[J].应用生态学报,1999,10(6):661-664.

[123] 林文雄,熊君,周军建,等.化感植物根际生物学特性研究现状与展望[J].中国生态农业学报,2007,15(4):1-8.

[124] 刘福德,姜岳忠,王华田,等.杨树人工林连作效应的研究[J].水土保持学报,2005,19(2):102-105.

[125] 刘佳庆,王晓雨,郭焱,等.长白山林线主要木本植物叶片养分的季节动态及回收效率[J].生态学报,2015,35(1):165-171.

[126] 刘小香,谢龙莲,陈秋波,等.桉树化感作用研究进展[J].热带农业科学,2004,24(2):54-60.

[127] 刘秀芬,胡晓军.化感物质阿魏酸对小麦幼苗内源激素水平的影响[J].中国生态农业学报,2001,9(1):86-88.

[128] 刘兆辉,聂燕,李缙杨,等.离子交换树脂膜埋置法测定土壤中的有效养分[J].土壤学报,2000,37(3):424-427.

[129] 鲁如坤.土壤农业化学分析方法[M].北京:中国农业科技出版社,2000.

[130] 罗文扬,罗萍,武丽琼,等.降香黄檀及其可持续发展对策探讨[J].热带农业科学,2009,29(1):44-46.

[131] 吕卫光,张春兰,袁飞,等.化感物质抑制连作黄瓜生长的作用机理[J].中国农业科学,2002,35(1):106-109.

[132] 吕卫光,沈其荣,余廷园,等.酚酸化合物对土壤酶活性和土壤养分的影响[J].植物营养与肥料学报,2006,12(6):845-849.

[133] 马艳丽.化感作用在林业中的研究现状[J].林业科技,2012,37(6):48-52.

[134] 马玉华.逆境胁迫对苹果抗坏血酸代谢相关酶活性及基因表达的影响[D].咸阳:西北农林科技大学,2008.

[135] 马越强,廖利平,杨跃军,等.香草醛对杉木幼苗生长的影响[J].应用生态学报,1998,9(2):128-132.

[136] 马云华,王秀峰,魏珉,等.黄瓜连作土壤酚酸类物质积累对土壤微生物和酶活性的影响[J].应用生态学报,2005,16(11):2149-2153.

[137] 孟慧,谢彩香,杨云,等.降香黄檀产地适宜性分析[J].时珍国医国药,2010,21(9):2304-2306.

[138] 明安刚,温远光,朱宏光,等.连栽对桉树人工林土壤养分含量的影响[J].广西林业科学,2009,38(1):26-30.

[139] 母容,潘开文,王进闯,等.阿魏酸、对羟基苯甲酸及其混合液对土壤氮及相关微生物的影响[J].生态学报,2011,31(3):793-800.

[140] 倪桂萍.酚酸对连作杨树人工林土壤养分有效性及细菌多样性的影响[D].泰安:山

东农业大学,2013.
[141] 赖斯.天然化学物质与有害生物的防治[M]. 胡敦孝,等,译.北京:科学出版社,1988.
[142] 欧万发.不同产地花椒幼苗生长节律的研究[D].咸阳:西北农林科技大学,2016.
[143] 潘瑞炽.植物生理学[M].5 版.北京:高等教育出版社,2004.
[144] 庞彩红.不同浓度 NaCl 处理对盐地碱蓬叶片中 CAT、GR 和 GST 的影响[D].济南:山东师范大学,2004.
[145] 彭少麟,邵华.化感作用的研究意义及发展前景[J].应用生态学报,2001,12(5):780-786.
[146] 邱治军,周光益,陈升华.海南特有珍贵红木树种——降香黄檀[J].林业实用技术,2004(6):41-42.
[147] 翟明普,梁任重,马履一,等.西林吉地区樟子松人工幼林化学抚育初探[J].北京林业大学学报,1993(S2):178-186.
[148] 沈萍,范秀容,李广武.微生物学实验[M].3 版.北京:高等教育出版社,1999.
[149] 沈玉聪,张红瑞,张子龙,等.酚酸类物质对三七幼苗的化感影响[J].广西植物,2016,36(5):607-614.
[150] 孙翠玲,郭玉文,郭泉水.日本落叶松人工林重茬林地土壤养分含量变化及其对林木生长的影响[J].林业科学研究,1997,10(3):321-324.
[151] 刘光崧.土壤理化分析与剖面描述[M].北京:中国标准出版社,1996.
[152] 谭秀梅,王华田,孔令刚,等.杨树人工林连作土壤中酚酸积累规律及对土壤微生物的影响[J].山东大学学报(理学版),2008,43(1):14-19.
[153] 胡举伟,朱文旭,许楠,等.外源酚酸对桑树幼苗生长和光合特性的影响[J].草业科学,2013,30(9):1394-1400.
[154] 汪金刚,张健,李贤伟.巨桉人工林土壤化感物质的空间分布特征的研究[J].四川农业大学学报,2007,25(2):121-126.
[155] 王爱萍.马尾松自身化感及其与伴生种之间的化感作用[D].福州:福建农林大学,2004.
[156] 王闯,徐公义,葛长城,等.酚酸类物质和植物连作障碍的研究进展[J].北方园艺,2009(3):134-137.
[157] 王大力,祝心如.豚草的化感作用研究[J].生态学报,1996,16(1):11-19.
[158] 王晗光,张健,杨婉身,等.巨桉根系和根系土壤化感物质的研究[J].四川师范大学学报(自然科学版),2006,29(3):368-371.
[159] 王华田,杨阳,王延平,等.外源酚酸对欧美杨'I-107'水培幼苗硝态氮吸收利用的影响[J].植物生态学报,2011,35(2):214-222.
[160] 王辉.刺槐自毒作用及与主要伴生树种化感作用研究[D].保定:河北农业大学,2009.

[161] 王纪杰，俞元春，陈容，等.不同栽培代次、林龄的桉树人工林土壤渗透性研究[J].水土保持学报，2011，25(2)：78-82.

[162] 王丽敏.几种酚酸类物质胁迫下不同杉木无性系叶绿素荧光参数的比较分析[D].福州：福建农林大学，2010.

[163] 王明祖，陈冀，韩瑞宏.桉树叶水浸提取液对两种植物种子萌发特性的影响[J].种子，2012，31(7)：32-34.

[164] 王如芳，张吉旺，吕鹏，等.不同类型玉米品种分蘖发生过程中内源激素的作用[J].中国农业科学，2012，45(5)：840-847.

[165] 王松，蔡艳飞，李枝林，等.光照条件对高山杜鹃光合生理特性的影响[J].西北植物学报，2012，32(10)：2095-2101.

[166] 王卫峰，胡亚杰，张丰收，等.不同移栽期对烟叶主要矿质营养元素的影响[J].天津农业科学，2016，22(6)：120-123，128.

[167] 王延平，王华田，许坛，等.酚酸对杨树人工林土壤养分有效性及酶活性的影响[J].应用生态学报，2013，24(3)：667-674.

[168] 王延平，王华田，姜岳忠，等.氮磷亏缺条件下杨树幼苗根系分泌酚酸的动态[J].林业科学，2011，47(11)：73-79.

[169] 王延平，杨阳，王华田，等.连作杨树人工林根际土壤中2种酚酸的吸附与解吸行为[J].林业科学，2010，46(1)：48-55.

[170] 王延平.连作杨树人工林地力衰退研究：酚酸的累积及其化感效应[D].泰安：山东农业大学，2010.

[171] 王艳芳，潘凤兵，张先富，等.土壤中不同酚酸类物质对平邑甜茶幼苗光合及生理特性的影响[J].林业科学，2015，51(2)：52-59.

[172] 魏卫东.甘肃马先蒿化感作用对禾本科牧草种子萌发及幼苗生长的影响[J].种子，2010，29(12)：48-51.

[173] 温远光，刘世荣，陈放.桉树工业人工林的生态问题与可持续经营[J].广西科学院学报，2005，21(1)：13-18.

[174] 吴蕚，刘晓艳，祝心如.酚酸类化合物各基团对土壤中氮的硝化作用的影响[J].环境化学，1999，18(5)：398-403.

[175] 吴凤芝，黄彩红，邓旭红.酚酸类物质对黄瓜幼苗养分吸收的化感作用[J].内蒙古农业大学学报，2007，28(3)：131-133.

[176] 吴凤芝，赵凤艳，马凤鸣.酚酸物质及其化感作用[J].东北农业大学学报，2001，32(4)：402-407.

[177] 吴晓琴，刘杰尔，金成，等.不同品种松花粉中营养素和非营养素的比较研究[J].食品工业科技，2011，32(1)：273-276.

[178] 吴宗伟，王明道，刘新育，等.重茬地黄土壤酚酸的动态积累及其对地黄生长的影响

[J].生态学杂志,2009,28(4):660-664.

[179] 谢君.桉树人工林地土壤理化性质及其群落的变化[D].重庆:西南大学,2011.

[180] 谢星光,陈晏,卜元卿,等.酚酸类物质的化感作用研究进展[J].生态学报,2014,34(22):6417-6428.

[181] 徐洁.外源酚酸对巨尾桉2代萌芽纯林及其与降香黄檀混交林土壤的化感作用[D].南宁:广西大学,2014.

[182] 徐晔,张金池,王广林,等.固氮酶的研究进展[J].生物学杂志,2011,28(4):61-64.

[183] 许光辉,郑洪元.土壤微生物分析方法手册[M].北京:农业出版社,1986.

[184] 玄晓丽,陈梦怡,马三梅.ABA对叶子花正常叶和变态叶部分生理生化指标的影响[J].广西植物,2012,32(6):806-809.

[185] 薛成玉,吴凤芝,王洪成,等.浅论酚酸与土壤微生物之间的相互作用[J].黑龙江农业科学,2005(3):45-47.

[186] 杨曾奖,陈元,徐大平,等.桉树与豆科植物混交种植对土壤速效养分的影响[J].生态学杂志,2006,25(7):725-730.

[187] 杨菁,周国英,田媛媛,等.降香黄檀不同混交林土壤细菌多样性差异分析[J].生态学报,2015,35(24):8117-8127.

[188] 杨梅,林思祖,黄燕华,等.邻羟基苯甲酸胁迫对不同杉木无性系叶片膜质过氧化及渗透调节物质的化感效应[J].西北植物学报,2006,26(10):2088-2093.

[189] 杨梅,林思祖,黄燕华,等.邻羟基苯甲酸胁迫下杉木叶片游离氨基酸的变化特征[J].东北林业大学学报,2006,35(2):40-41,63.

[190] 杨梅.邻羟基苯甲酸胁迫对不同杉木无性系化感效应及差异蛋白质组分析[D].福州:福建农林大学,2007.

[191] 杨瑞秀,高增贵,姚远,等.甜瓜根系分泌物中酚酸物质对尖孢镰孢菌的化感效应[J].应用生态学报,2014,25(8):2355-2360.

[192] 杨阳,王华田,王延平,等.外源酚酸对杨树幼苗根系生理和形态发育的影响[J].林业科学,2010,46(11):73-80.

[193] 杨宇虹,陈冬梅,晋艳,等.不同肥料种类对连作烟草根际土壤微生物功能多样性的影响[J].作物学报,2011,37(1):105-111.

[194] 杨再鸿.海南岛桉树人工林林下植物多样性的比较研究[D].儋州:华南热带农业大学,2001.

[195] 杨志晓,丁燕芳,张小全,等.赤星病胁迫对不同抗性烟草品种光合作用和叶绿素荧光特性的影响[J].生态学报,2015,35(12):4146-4154.

[196] 要世瑾.基于核磁共振的冬小麦种子萌发过程和植株水分分布规律研究[D].咸阳:西北农林科技大学,2015.

[197] 叶陈英.水稻根系酚酸类化感物质分泌动态及其对土壤生理生化特性的影响[D].福

州:福建农林大学,2010.

[198] 叶发茂.土壤酚类物质对森林生态系统转换的响应及其机制研究[D].福州:福建农林大学,2009.

[199] 叶绍明,温远光,杨梅,等.连栽桉树人工林植物多样性与土壤理化性质的关联分析[J].水土保持学报,2010,24(4):246-250,256.

[200] 阴黎明,王力华,刘波.文冠果叶片养分元素含量的动态变化及再吸收特性[J].植物研究,2009,29(6):685-691.

[201] 尹淇淋,谢越.酚酸类物质导致植物连作障碍的研究进展[J].安徽农业科学,2011,39(34):20977-20978,20985.

[202] 俞飞,侯平,宋琦,等.柳杉凋落物自毒作用研究[J].浙江林学院学报,2010,27(4):494-500.

[203] 袁斌伟,施新锋,周怡.AA3 自动分析仪测定地表水中的 NO_2-N、NO_3-N+NO_2-N、NH_3-N、PO_4^{3-}[J].污染防治技术,2005,18(4):56-58.

[204] 张国伟,刘瑞显,杨长琴,等.棉花秸秆浸提液对小麦种子萌发及幼苗生长的化感效应[J].麦类作物学报,2015,35(4):555-562.

[205] 张江红.酚类物质对苹果的化感作用及重茬障碍影响机理的研究[D].泰安:山东农业大学,2005.

[206] 张其水.福建杉木连栽林地营造不同混交林后土壤酶活性的季节动态[J].土壤学报,1992,29(1):104-108.

[207] 张守仁.叶绿素荧光动力学参数的意义及讨论[J].植物学通报,1999,16(4):444-448.

[208] 张蜀秋.植物生理学[M].北京:科学出版社,2011.

[209] 张宪武.土壤微生物研究　理论·应用·新方法[M].沈阳:沈阳出版社,1993.

[210] 张晓云,盖忠辉,台萃,等.微生物降解苯甲酸的研究进展[J].微生物学通报,2012,39(12):1808-1816.

[211] 张宇.4 种苗木对不同形态氮素的生长和生理响应[D].哈尔滨:东北林业大学,2016.

[212] 张重义,林文雄.药用植物的化感自毒作用与连作障碍[J].中国生态农业学报,2009,17(1):189-196.

[213] 张竹青,鲁剑巍.施钾水平对油菜吸收钙和镁的影响[J].安徽农业大学学报,2003,30(3):276-279.

[214] 张子龙,侯俊玲,王文全,等.三七水浸液对不同玉米品种的化感作用[J].中国中药杂志,2014,39(4):594-600.

[215] 赵利坤,张英.作物连作障碍的影响因素及防治对策[J].黑龙江农业科学,2013(12):18-20.

[216] 郑巧英.酚类物质在土壤中的生物降解[J].农业环境保护,1993,12(2):82-84,90.

[217] 郑重,李少菁.生物间的生化相互作用研究——生态生化学的新进展[J].生态学杂

志,1987,6(3):30-34.

[218] 周礼恺,郑巧英,宋妹.石油烃和酚类物质在土中的生物降解与土壤酶活性[J].应用生态学报,1990,1(2):149-155.

[219] 周顺福.模拟酸雨对4种树种苗木生长及生理的影响[D].南宁:广西大学,2015.

[220] 周艳虹,黄黎锋,喻景权.持续低温弱光对黄瓜叶片气体交换、叶绿素荧光猝灭和吸收光能分配的影响[J].植物生理与分子生物学学报,2004,30(2):153-160.

[221] 周志红.植物化感作用的研究方法及影响因素[J].生态科学,1999,18(1):35-38.

[222] 朱佳,黄志宏,陈振雄,等.马尾松生物量影响因素的通径分析[J].中南林业科技大学学报,2016,36(8):88-95.

[223] 朱美秋.毛白杨化感作用及其酚酸物质对其幼苗生长与生理影响研究[D].保定:河北农业大学,2009.

[224] 朱宇林,温远光,谭萍,等.尾巨桉速生林连栽生长特性的研究[J].林业科技,2005,30(5):11-14.